赵则海　刘洋　主编

园林生态学实验

化学工业出版社

·北京·

内容简介

本书分为环境因子与植物适应、种群生态学、群落生态学、生态系统、应用生态五章，共二十六个实验。每个实验按照实验目的、实验原理、仪器与材料、实验步骤、实施建议、实验结果、综合拓展、思考题八个部分编写，实验项目简明实用；其中，实验的综合拓展部分是针对当前实践教学要求开设综合性和设计性实验的需要编写的，简要提出了实施拓展实验的指导性建议，学生可根据实际条件在教师的指导下开展综合性或设计性实验。另外，各个实验还可以作为开放性实验实施，在一定程度上培养学生的动手能力和创新能力。

本书具有较强的综合性和可操作性，可供高等学校环境科学、风景园林学、园林学、生态工程、生物学、农学、林学及其他相关专业的师生使用，也可作为园林规划设计、生态环境等领域科研人员和工程技术人员的参考书。

图书在版编目（CIP）数据

园林生态学实验/赵则海，刘洋主编 . —北京：化学
工业出版社，2020.12（2022.4 重印）
ISBN 978-7-122-38089-0

Ⅰ．①园… Ⅱ．①赵…②刘… Ⅲ．①园林植物-植
物生态学-实验-高等学校-教材 Ⅳ．①S688.01-33

中国版本图书馆 CIP 数据核字（2020）第 244497 号

责任编辑：刘 婧 刘兴春　　　　　　文字编辑：林 丹 白华霞
责任校对：王 静　　　　　　　　　　装帧设计：关 飞

出版发行：化学工业出版社（北京市东城区青年湖南街 13 号 邮政编码 100011）
印　　装：涿州市般润文化传播有限公司
710mm×1000mm 1/16 印张 11¾ 字数 190 千字 2022 年 4 月北京第 1 版第 2 次印刷

购书咨询：010-64518888　　　　　　售后服务：010-64518899
网　　址：http://www.cip.com.cn
凡购买本书，如有缺损质量问题，本社销售中心负责调换。

定　　价：48.00 元　　　　　　　　　　版权所有　违者必究

前 言

　　随着国民经济的发展和人民生活水平的提高，城乡居民生产方式、生活方式和居住方式正在快速发生变化，科学发展、生态文明、和谐社会已经成为中国可持续发展的基本策略。近年来，园林产业在我国发展速度加快，相应地对从业人员的素质要求也就越来越高。为培养园林规划设计、园林工程等领域的专业技术高素质人才，越来越多的高校开设了园林、风景园林专业，并且逐步形成了各自的专业定位和专业特色。园林生态学是研究园林生态系统中各生物之间、生物与环境之间相互关系的科学，是生态学、环境科学、生物学、建筑学、规划设计、文化艺术、社会学等多学科的交汇综合。园林生态学课程是园林、风景园林专业的专业课程，一般包括理论教学和实验教学两部分。园林生态学实验对实验条件要求较高，涉及知识面较广，实验过程较为复杂，数据处理工作量大，这些共同决定了其实验方法的多样性。

　　为培养学生在园林规划设计与实践方面的学习能力、实践能力、创新能力和综合应用能力，在编写本实验教材过程中，以能力培养为目的，以兼顾知识的系统性和强化技能的实用性为宗旨，突出了教材内容的应用型和创新型人才培养特色，力求实验内容简明、实用。

　　本书共二十六个实验，按照环境因子与植物适应、种群生态学、群落生态学、生态系统、应用生态五个大类排序。每个实验均按照实验目的、实验原理、仪器与材料、实验步骤、实施建议、实验结果、综合拓展、思考题八个部分编写。其中，实施建议部分主要是针对实验内容理解、操作要点以及在实验过程中可能遇到的一些问题提出了指导或建议；实验结果部分主要采用表格、绘图的形式，引导学生简明扼要地表达实验数据信息，图表具有结构严谨、效果直观、信息量大等优点，在实验过程中师生可根据具体情况优化图表、增删类目；综合拓展部分是针对当前实践教学要求开设综合性和设计性实验的需要编写的，简要提出了一些关于实施拓展实验的引导性、指导性建议，学校可根据实际条件开展综合性或设计性实验。近年来，无论在数量上还是在内容上，综合性、设计性实验的要求越来越高，实施方案也更加多种多样。在当前高等学校的实验课时普遍不足的情况下，拓展实验的教学方法或教学模式需要创新，需要制订灵活多样的实验方案，既要考虑实验实施的多样性和复杂性，又要确保按时有效地完成实验项目。本书在综合拓展部分建议从学生组团与分工、资料收集与整理、实验方案设计与实施、实验结果讨论与分析等多个环节着手，开展诸如"团队合作学习"模式的实验探索活动。由于学生在实验过程中要注意的问题很多且琐碎，出现的问题也多种多样，实验指导和建议很难做到面面俱到，因此实验实施建议和综合拓展部分需要广大师生在实践中共同摸索、补充和完善。另外，各个实验还可以作为开放性实验实施，以培养学生的动手能力和创新能力。

本书具有下列特点：

（1）简明性　所有实验的撰写简明扼要，如实验原理、实验步骤等内容以概述为主，实验结果部分尽可能以表格、绘图的形式展现等。部分"3S"技术应用实验因人机操作交互性强，实验步骤较为简略，详情可参考相关应用软件说明或指导书。

（2）实用性　实验以能力培养为主线，尽可能用图表的形式展现知识点。本书所列实验经过多年实践，实施效果良好。

（3）综合拓展　本书所有实验均设计了综合拓展环节，供学生进一步开展实验并提供指导和建议。

本书编写分工如下：实验一～实验十九、实验二十一～实验二十三、实验二十五、实验二十六由赵则海编写；实验二十四由刘洋编写；广东多源地理信息服务有限公司的李谷丰工程师参与了实验二十的编写工作；刘洋对GIS软件生成的图件进行了核查；全书最后由赵则海统稿并定稿。本书出版得到了肇庆学院生态创新团队项目支持，感谢兰州大学管理学院的赵月、肇庆学院生命科学学院的陈宣治和梁紫莹在图像处理和书稿校对工作中的无私奉献和付出。本书参阅并引用了许多与园林生态学实验相关的书籍、论文，在此对相关的作者致以衷心的感谢与敬意，同时对所有参与本实验指导校审和出版的同行和朋友们表达最诚挚的谢意。

限于编者理论水平及实践经验，书中不足与疏漏之处在所难免，敬请各位专家和同仁予以指正。

编　者
2020 年 12 月

目 录

第一章
环境因子与植物适应

实验一　土壤环境因子的测定

一、　实验目的

（1）掌握土壤水分、pH 值的测定方法。

（2）掌握土壤温度、湿度的测定方法。

二、　实验原理

土壤水分可分为吸湿水、膜状水、自由水等类型。吸湿水是指土壤颗粒吸附空气中的水分；膜状水是指土壤颗粒表面吸附的液态水膜；自由水是存在于土壤颗粒间隙中的水，包括毛管水、重力水和地下水。土壤含水量（water content of soil）可通过计算土壤中水分质量与土壤颗粒质量的比值等方法测定，一般可分为采样法和原位测定法两种。

采样法获得的土壤样品带回实验室要在阴凉通风处风干处理，以去除土壤中的自由水等水分，风干土壤用于测定土壤吸湿水。风干土壤中土壤颗粒对空气中的水分具有吸附作用，土壤吸湿水（soil hygroscopic water）是指风干土壤颗粒通过吸附空气中的水汽所保持的水，通常采用烘干称重法测定。可在 105℃条件下（在此温度下，土壤有机质不分解）烘干土壤颗粒吸附的吸湿水。土壤吸湿水含量可根据土壤失水质量占烘干后土壤质量的比例计算。风干土样的土壤吸湿水是研究某一区域环境的土壤水分状况以及土壤水分与植物之间关系的重要指标。

原位测定法是利用仪器设备直接在田间测定土壤含水量的方法。植物群落对土壤环境具有改造作用。随着植物群落的发育，群落土壤质地、土壤成分等土壤理化性质也相对稳定。植物群落内的土壤环境因子（如温度、湿度等环境因子）与群落外部存在差异，且植物群落内的空气温度、湿度等环境因子也存在明显不同。

三、 仪器与材料

1. 仪器

酸度计，温湿度计，不锈钢土壤温度计，电子天平，烘干箱，土壤盒，铁锹，铁镐，研钵，土壤筛（1mm、0.5mm），烧杯，玻璃棒等。

2. 材料

风干土样品，调查表格等。

四、 实验步骤

1. 土壤水分测定

（1）土壤盒称重　将土壤盒编号作标记，洗净烘干后置于电子天平上称重，记录土壤盒质量 W，单位为 g。

（2）土样制备　风干土需提前自制，至少提前 1 个月选择土壤采样地点（如林下或裸地），挖取土壤，置于室内阴干，作为风干土壤。取风干土样若干于研钵中研磨，土样过筛（1mm）备用。

（3）风干土样称重　取过筛风干土样适量（5g 左右），置于土壤盒中，在分析天平上称重，记录风干土样与土壤盒质量之和 W_1，单位为 g。

（4）土样烘干　将土壤盒盖置于土壤盒底部，放入烘干箱中，105℃ 烘干 6～8h；取出时用镊子（夹子）小心将盖子盖上，在干燥条件下冷却、称重，记录烘干土样与土壤盒质量之和 W_2，单位为 g。

（5）土壤最大吸湿水（RW）的计算　计算公式如下：

$$RW = \frac{W_1 - W_2}{W_2 - W} \times 100\%$$

式中　RW——土壤最大吸湿水，%；

　　　W——土壤盒质量，g；

　　　W_1——土壤盒及风干土样质量之和，g；

　　　W_2——土壤盒及烘干土样质量之和，g。

2. 土壤 pH 值的测定

（1）取土样　取过筛风干土样适量（5g 左右）称重，记录质量 W_3，单位为 g。

（2）土样溶解　土样中加入蒸馏水 25mL，搅拌 5min，静置至土壤溶液分层，上层水溶液为待测液。

（3）酸度计测定　利用酸度计直接测定 pH 值，记录结果。

3. 土壤温度测定

（1）设置测定点　在室外选择适当地段（如林下或裸地），设置测定点 3 个。

（2）土壤温度测定　按土壤不同深度（如 0cm、10cm、20cm、30cm、40cm 等）布设温度计（见图 1-1），测定土壤温度，5～10min 后记录读数。使用不锈钢温度计要注意保护不锈钢探针。

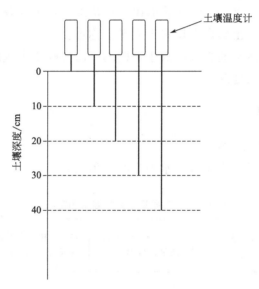

图 1-1　不同深度土壤温度测定示意

4. 空气温度、湿度测定

测定土壤温度的同时测定空气温度和空气湿度。

五、实施建议

1. 建议

（1）实验测定建议分室内和室外两步进行，室内实验测定土壤最大吸湿水和土壤 pH 值，室外植被局部小环境测定土壤温度及空气温度、湿度。

（2）学生分为两批，轮换开展室内和室外实验，避免测量时出现拥挤。

（3）各指标测定设置重复一般不少于3次，并计算平均值和标准差。

2. 注意事项

（1）酸度计在实验前需提前标定。

（2）使用鼓风干燥箱时，绝不可用湿手开关电闸和电器开关，严防触电。

（3）鼓风干燥箱高温烘干土壤样品时，要注意设备的温度控制系统，避免温度控制失灵带来的危险。应该用试电笔检查电器设备是否漏电，凡是漏电的仪器一律不能使用。

（4）土壤盒烘干后温度很高（一般超过100℃），用镊子（夹子）取出时谨防烫伤。土壤盒从烘干箱取出后尽快加盖，干燥条件下冷却至室温后称重，严禁高温土壤盒直接置于天平上称重。

（5）土壤溶液不能直接倾倒于水槽内，需要收集土壤颗粒（土壤溶液的沉淀部分）单独处理。

六、 实验结果

1. 土壤吸湿水测定

土样称重数据和土壤吸湿水测定结果填入表1-1。

表1-1　土壤样品最大吸湿水测定结果

土壤编号	土壤盒质量(W) /g	风干土样与土壤盒质量之和(W_1)/g	烘干土样与土壤盒质量之和(W_2)/g	土壤最大吸湿水（RW)/%
1				
2				
3				
...				
平均值				
标准差				

2. 土壤样品 pH 值测定

测定结果填入表1-2。

表 1-2　土壤样品的 pH 值测定结果

土壤编号	风干土样质量 (W_3)/g	加入水量 /mL	pH 值
1			
2			
3			
…			
平均值			
标准差			

3. 测定点的环境指标测定

土壤温度测定结果填入表 1-3，空气温度、湿度的测定结果填入表 1-4。

表 1-3　测定点不同深度的土壤温度

序号	测定时间	土壤深度/cm	土壤温度/℃
1			
2			
3			
…			

表 1-4　测定点空气温度、空气湿度

序号	测定时间	空气温度/℃	空气湿度/%
1			
2			
3			
…			

七、　综合拓展

（1）建议 2～4 名学生成立拓展实验小组，开展拓展实验。实验小组应开展综合性、设计性实验的选题及方案讨论活动，确定的选题可作为实验副标题。

（2）选题可以根据不同土壤分层、不同生境、不同植被类型、不同地域类型等进行土壤取样，测定指标可根据实验条件调整。例如，以林下不同样地（样地编号分别为 Y01、Y02 和 Y03）的土壤剖面土样为例，拓展实验小组分为三组，分别调查一个样地的土壤指标，数据汇总后共享 3 个样地的调查数据。土壤取样按土壤分层（O 层、A 层、B 层、C 层）挖取土样，装入土壤盒带回实验室测定水分和 pH 值。土壤分层含水量（包含吸湿水和膜状水）和 pH 值的测定结果如图 1-2 所示，可以分析土壤含水量和 pH 值在不同样地随土壤深度的变化。

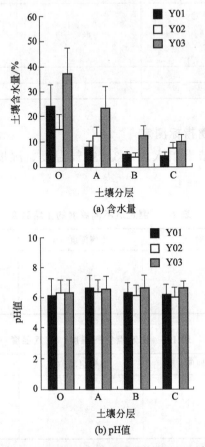

图 1-2　不同样地土壤分层含水量和 pH 值

（3）实验方案的设计和实验报告的撰写均要注意查阅文献数据库，引用必要的文献。

八、思考题

1. 土壤因子之间有无相互作用？
2. 土壤温度、湿度的测定为什么强调测定时间？
3. 土壤温度、土壤含水量与空气温度、湿度之间有何关系？

实验二　土壤有机质测定

一、　实验目的

掌握硫酸-重铬酸钾氧化法测定土壤有机质的方法。

二、　测定原理

土壤有机质（soil organic matter）主要来源于植物、动物、微生物残体及其分泌物，是土壤固态物质的生物组分。土壤有机质泛指土壤中来源于生命的物质，主要包括碳水化合物、含氮化合物、含磷化合物、含硫化合物、木质素等处于未分解和半分解状态的物质组分，是存在于土壤中各种有机成分的混合物。土壤有机质是植物营养的主要来源，是衡量土壤肥力的重要指标之一，因此常常作为土壤分析的必测项目。土壤有机质的测定对探讨土壤的形成、分布、分类以及土壤肥力评估等具有重要意义。

测定土壤有机质的方法主要有灼烧法和氧化法两大类。

（1）灼烧法　采用 70℃ 下燃烧后土样质量的损失估计有机质含量，适合测定有机质含量较高的土壤样品，且方法简单，但存在高温分解有机碳、破坏矿物质中化合水等缺点。

（2）氧化法　多采用强氧化剂（如浓硫酸、重铬酸钾等）在高温环境下氧化有机质，操作简便、快速，适于大量土壤样品的测定，因此硫酸-重铬酸钾氧化法（丘林法）是普遍采用的测定土壤有机质的方法。土壤有机质的测定通常先测定有机碳量，再根据有机碳量推导有机质含量。该方法适用于有机质含量低于 15% 的土壤样品。

硫酸-重铬酸钾氧化法测定原理：用重铬酸钾-硫酸溶液，在加热条件下氧化有机质，可根据被还原的氧化剂和被氧化的有机质之间的关系计算土壤有机质含量（换算系数为 0.003）。多余的重铬酸钾以亚铁邻菲罗啉或二苯胺作指示剂，用硫酸亚铁溶液滴定，根据消耗的重铬酸钾量计算出有机碳量。由于这种方法测得的有机质含量一般为实际含量的 90%，因此需以 1.1 为校正系数。有机碳量一般为 58%，用常数 1.724 乘以有机碳量即为土壤有机质含量。其反应式如下：

① 消煮反应(重铬酸钾-硫酸溶液与土壤有机质的氧化反应):

$$2K_2Cr_2O_7 + 8H_2SO_4 + 3C \Longrightarrow 2Cr_2(SO_4)_3 + 2K_2SO_4 + 3CO_2 + 8H_2O$$

② 滴定反应(硫酸亚铁滴定重铬酸钾的反应):

$$K_2Cr_2O_7 + 6FeSO_4 + 7H_2SO_4 \Longrightarrow Cr_2(SO_4)_3 + 3Fe_2(SO_4)_3 + K_2SO_4 + 7H_2O$$

③ 指示剂的颜色反应:

$$[Fe(C_{12}H_8N_2)_3]^{3+} \longrightarrow [Fe(C_{12}H_8N_2)_3]^{2+} \quad 亚铁邻菲罗啉$$

氧化态(浅蓝色)　　　　还原态(棕红色)

三、 仪器与材料

1. 仪器

硬质试管,试管夹,小漏斗,锥形瓶 (250mL),烧杯 (50mL),量筒 (100mL),容量瓶 (1000mL),油浴锅 (或远红外消煮炉),铁丝笼,温度计 (0~360℃),玻璃棒,酸式滴定管 (25mL),铁架台,电子天平 (0.001g),研钵,土壤筛 (0.1mm),移液枪 (2mL、5mL),移液管 (1mL、5mL、10mL),洗耳球等。

2. 试剂材料

(1) 0.4mol/L 重铬酸钾-硫酸溶液　称取预先在 120℃烘干 2h 的分析纯重铬酸钾 ($K_2Cr_2O_7$) 40g,用 500~800mL 蒸馏水溶解,定容至 1000mL。定容后溶液转入大烧杯,加 1.84g/mL 的浓硫酸 1000mL (注意加入时要缓慢),不断搅拌,冷却后体积为 2000mL,装入棕色瓶中备用。

(2) 0.1mol/L 重铬酸钾标准溶液　准确称取预先在 120℃烘干 2h 的分析纯重铬酸钾 4.9035g,以少量蒸馏水溶解,缓慢加入浓硫酸 70mL,冷却后洗入 1000mL 容量瓶定容,摇匀,装入棕色瓶中备用。

(3) 0.2mol/L 硫酸亚铁溶液　含结晶水的硫酸亚铁 ($FeSO_4 \cdot 7H_2O$) 为浅绿色晶体 (俗称绿矾)。准确称取分析纯硫酸亚铁 55.6g [如用硫酸亚铁铵 $(NH_4)_2SO_4 \cdot FeSO_4 \cdot 6H_2O$ 则称取 78.4g],用 30mL 3mol/L 的硫酸溶解,用蒸馏水定容至 1000mL,贮存于棕色瓶中备用。用 0.1mol/L 重铬酸钾标准溶液标定硫酸亚铁溶液的准确浓度。

(4) 硫酸-硫酸银溶液　向 500mL 1.84g/mL 的浓硫酸中加入 5g 硫酸银 (Ag_2SO_4),放置 1~2d,不时摇动使其溶解,装入棕色瓶中备用。

(5) 亚铁邻菲罗啉指示剂　准确称取邻菲罗啉 1.485g、硫酸亚铁 ($FeSO_4 \cdot 7H_2O$) 0.695g。先用 100mL 蒸馏水溶解硫酸亚铁,然后将邻菲罗啉溶于硫酸亚铁溶液(邻菲罗啉与硫酸亚铁结合成[$Fe(C_{12}H_8N_2)_3$]$^{2+}$)。亚铁邻菲罗啉指示剂一般现用现配,贮存于棕色瓶中,置于冰箱内低温保存。

(6) 植物油 2000～2500mL。

(7) 风干土壤样品 若干。

四、 实验步骤

1. 土样称重

(1) 取风干土样若干,过土壤筛(0.1mm)。在分析天平上称取土壤样品(质量记为 W,单位为g)。土壤用量与土壤样品中有机质含量有关,一般农田土壤的参考用量为 0.2～0.3g,自然土壤表层土为 0.1～0.2g。

(2) 土样放入干燥的硬质试管中,注意土样不要沾在试管壁上,记录试管编号及土样信息。

2. 氧化

用吸管(或移液枪)吸取 0.4mol/L 重铬酸钾-硫酸溶液 10mL,加入试管并放入铁丝笼。试管口放一小漏斗,用于冷凝水汽,避免消煮液沸溅。

3. 加热

(1) 提前将油浴锅升温至 180℃左右(最好在通风橱内进行),将放有试管的铁丝笼放入油浴锅中加热。放入铁丝笼时要上下摇动几次使之预热,避免试管因受热不均匀发生爆裂。

(2) 土样消煮时,油浴温度控制在 170～180℃之间。从试管内液体开始沸腾时开始计时,消煮 5min(消煮时间要准确,可减少测定误差)。

4. 冷却

(1) 消煮结束后立即将铁丝笼提出,冷却 10min,关掉油浴锅。注意:消煮正常的土壤样品试管(存在过量的重铬酸钾)中的溶液颜色为黄橙色。如试管中土壤样品溶液颜色呈绿色或黑绿色,表明土壤样品加入量过多(或重铬酸钾加入量不足),此试管消煮失败,则必须重做。

(2) 试管冷却后检查试管标签,擦去试管外壁油质,准备滴定。

5. 滴定

(1) 采用倾泻法,用 50mL 蒸馏水分多次将消煮液洗入 250mL 锥形瓶中,锥形瓶中溶液体积约为 60mL。

(2) 加 2～3 滴亚铁邻菲罗啉指示剂,用 0.2mol/L 硫酸亚铁溶液滴定。滴定过程要不断振荡锥形瓶使溶液与指示剂混匀，溶液颜色变化为黄橙→草绿→灰绿→棕红，瞬间出现棕红色为滴定终点。如果滴定过程中发现溶液颜色没有变化，要注意检查亚铁邻菲罗啉指示剂。

（3）记录滴定终点的硫酸亚铁溶液用量 V_1，单位为 mL，填入表 1-5。

表 1-5　土壤样品滴定实验中硫酸亚铁用量

土样编号	重铬酸钾用量/mL	硫酸亚铁用量初读/mL	硫酸亚铁用量终读/mL	硫酸亚铁用量(V_1)/mL
1				
2				
3				
...				
平均值				

6. 空白试验

（1）空白试验用于计算 10mL 0.4mol/L 的重铬酸钾-硫酸溶液需要 0.2mol/L 硫酸亚铁溶液的用量，作为土壤样品测定的对照。在空白试管（不含土样）中加入 10mL 0.4mol/L 的重铬酸钾-硫酸溶液，加热、消煮、滴定步骤同上。土样测定与空白试验的加热、消煮步骤应同时进行，用同一批次试剂和相同的仪器完成滴定。

（2）记录空白试验硫酸亚铁溶液用量 V_2，单位为 mL，填入表 1-6。

表 1-6　空白试验的硫酸亚铁用量

空白编号	重铬酸钾用量/mL	硫酸亚铁用量初读/mL	硫酸亚铁用量终读/mL	硫酸亚铁用量(V_2)/mL
1				
2				
3				
...				
平均值				

7. 有机质含量计算

（1）有机碳量的计算

$$O_C = \frac{c(V_2 - V_1) \times 3 \times 0.001 \times 1.1}{W} \times 100$$

式中　O_C——有机碳量，%；

V_1——土壤有机质氧化后，滴定过量的重铬酸钾所需硫酸亚铁溶液用量，mL；

V_2——空白试验滴定重铬酸钾所需硫酸亚铁溶液用量，mL；

c——硫酸亚铁溶液的物质的量浓度，mol/L；

W——土样质量，g；

3——1/4碳原子的摩尔质量，g/mol；

0.001——换算系数；

1.1——氧化矫正常数。

（2）土壤有机质含量的计算

$$O_m = 1.724 O_c$$

式中　O_m——有机质含量，%；

O_c——有机碳量，%；

1.724——矫正常数。

五、 实施建议

1. 建议

（1）实验开始前，要先配制重铬酸钾-硫酸溶液、硫酸亚铁溶液、亚铁邻菲罗啉指示剂，装于棕色瓶，置于冰箱内备用。硫酸亚铁溶液必须用棕色瓶装，最好现用现配。

（2）土壤样品一般选用风干土，并记录土壤样品编号、种类及采集地等。

（3）试管建议选用18mm×180mm硬质试管，使用前要洗净并烘干，避免称量土壤后转入试管时沾污试管壁。

（4）空白试验、土样有机质测定的重复不少于3次，并计算平均值。

（5）土壤中的氯化物也能被重铬酸钾氧化，因此含盐量比较高的土壤测定的有机质含量可能会偏高，可加入少量硫酸银（Ag_2SO_4）沉淀氯化物，催化有机质分解。

2. 注意事项

（1）配制含强酸、强氧化剂的溶液应按实验室的规定办理手续，严格遵守实验操作流程。强酸、强碱等化学试剂触及皮肤应立即用大量自来水冲洗，避免灼伤。

（2）保持实验室门和通道畅通，最小化存放浓硫酸等试剂数量。

（3）铁丝笼做好格网，防止试管在消煮时倒伏溢出液体导致危险。

（4）土壤样品消煮需要油浴加热，应在通风橱内或通风良好处进行。消煮时时刻注意油温变化，不断用温度计测量，尽量控制温度为180℃，避免发生燃烧危险。

（5）实验废液含强酸、强氧化剂，不能直接倒入水槽，必须收集在废液桶内集中处理，避免污染。

（6）实验结束后及时清理实验用具，实验器皿及时洗净、干燥，保持室内干净整洁。

六、 实验结果

1. 土壤样品质量及土样信息

取样记录填入表 1-7。

表 1-7　土壤样品质量及土样信息

试管编号	土样编号	土样质量(W)/g	土壤样品信息描述
1			
2			
3			
...			

2. 测定土壤样品有机质含量

结果填入表 1-8。

表 1-8　土壤样品的有机碳和有机质含量测定结果

土样编号	硫酸亚铁用量 $(V_2 - V_1)$/mL	有机碳量 (O_C)/%	有机质含量 (O_m)/%
1			
2			
3			
...			
平均值			
标准差			

七、 综合拓展

（1）建议 2~4 名学生成立拓展实验小组，开展拓展实验；实验小组应开展综合性、设计性实验的选题及方案讨论活动，确定的选题可作为实验副标题。

（2）土壤取样设计可以根据土壤分层、不同生境、不同植被类型、不同地域类型等进行。土壤分层需要挖土壤剖面，主要分为 O 层（正在分解的有机层）、A 层（表土层）、B 层（心土层）、C 层（底土层）等，挖取土壤剖面深度一般为 40~100cm（山地土壤层较薄，一般挖到石底）。测定土壤样品采样一般在 A 层（表土层）进行，数量可根据实验需要进行调整。例如，拓展实验小组按样地分工，分别挖取林下 3 个样地（分别为 Y01、Y02 和 Y03）的土壤剖面土样（Y03 的土壤剖面见图 1-3），按土壤分层（O 层、A 层、B 层、C 层）贴好标签装入布袋（用于有机质测定）并带回实验室自然风干。将土壤有机质测定数据汇总后绘图（见图 1-4），可以分析林下不同样地的土壤有机质含量随土壤深度的变化。

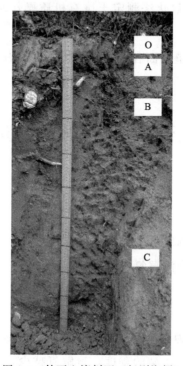

图 1-3 林下土壤剖面（赵则海摄）

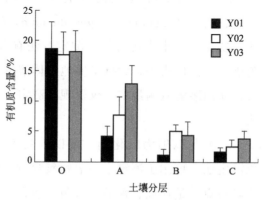

图 1-4 不同土壤分层的有机质含量

（3）可以根据实际情况增加土壤质地等指标。

（4）实验方案的设计和实验报告的撰写均要注意查阅文献数据库，引用必要的文献。

八、思考题

1. 硫酸-重铬酸钾氧化法测定土壤有机质操作步骤有哪些？必须注意哪些问题？

2. 试比较同一土壤剖面各层之间有机质含量有何差异，并说明原因。

实验三　水中溶解氧含量测定

一、实验目的

（1）掌握碘量法测定水中溶解氧的方法。

（2）了解测定水中溶解氧的原理。

二、实验原理

溶于水中的氧称为溶解氧（dissolved oxygen，DO），水体中溶解氧含量能够反映出水体受污染的程度，溶解氧越少，表明水体受污染程度越严重。因此，溶解氧含量（DO）、生化需氧量（biochemical oxygen demand，BOD）、化学需氧量（chemical oxygen demand，COD）等指标是水生态环境检测的重要指标。水中溶解氧的测定方法有多种，如碘量法、电化学探头法、色谱法、比色法等。大批量实地水体溶解氧检测多采用覆膜电极法、荧光法，使用溶解氧测量仪等仪器现场测定。少量水体溶解氧测定可使用碘量法。

碘量法（iodimetry）是以碘为氧化剂，或以碘化物（如碘化钾）为还原剂的氧化还原滴定法，可用于测定水中溶解氧含量。碘量法具有操作简单、应用范围广等特点，是环境、食品、医药、冶金、化工等领域常用的测定方法。

碘量法测定溶解氧原理：在碱性条件下，水中硫酸锰（$MnSO_4$）生成氢氧化锰白色沉淀 [$Mn(OH)_2$]。此时氢氧化锰性质极不稳定，迅速与水中溶解氧化合生成锰酸锰（$MnMnO_3$）棕色沉淀，Mn^{2+} 被水中的溶解氧氧化成 Mn^{3+} 和 Mn^{4+}。

$$4MnSO_4 + 8NaOH = 4Mn(OH)_2\downarrow + 4Na_2SO_4$$
$$2Mn(OH)_2 + O_2 = 2H_2MnO_3\downarrow$$
$$2H_2MnO_3 + 2Mn(OH)_2 = 2MnMnO_3\downarrow + 4H_2O$$

在酸性条件下，锰酸锰（$MnMnO_3$）与溶液中的碘化钾（KI）发生反应，Mn^{3+} 和 Mn^{4+} 将碘化物氧化成游离的碘。溶解氧越多，析出的碘也越多。

$$4KI + 2H_2SO_4 = 4HI + 2K_2SO_4$$
$$2MnMnO_3 + 4H_2SO_4 + 4HI = 4MnSO_4 + 2I_2 + 6H_2O$$

反应完毕的水样以淀粉为指示剂，用硫代硫酸钠标准溶液进行滴定，根据滴定液的消耗量计算水中溶解氧的含量。

$$2I_2 + 4Na_2S_2O_3 = 4NaI + 2Na_2S_4O_6$$

三、 仪器与材料

1. 仪器

溶解氧瓶（250mL 或 300mL），碘量瓶（250mL），容量瓶（100mL、1000mL），烧杯（50mL），锥形瓶（250mL），酸式滴定管（25mL），量筒（100mL），移液枪（1mL、5mL），移液管（1mL、2mL、5mL），洗耳球等。

2. 试剂材料

（1）硫酸锰溶液　称取 480g 分析纯硫酸锰（$MnSO_4 \cdot H_2O$），蒸馏水溶解、过滤，定容至 1000mL，置于棕色瓶备用。硫酸锰溶液检测：加酸化碘化钾溶液，经淀粉检测不产生蓝色。

（2）碱性碘化钾溶液　称取 500g 氢氧化钠（NaOH），400～500mL 蒸馏水溶解，冷却；另称取 150g 碘化钾（KI），200～300mL 蒸馏水溶解；两溶液合并、混匀，定容至 1000mL，棕色瓶低温遮光保存。碱性碘化钾溶液检测：酸性条件溶液遇淀粉不产生蓝色。

（3）1%淀粉溶液　称取 1g 可溶性淀粉，用少量蒸馏水溶解成糊，用煮沸的蒸馏水定容至 100mL，摇匀，冷却，加 0.1g 水杨酸或 0.4g 氯化锌（$ZnCl_2$）作为防腐剂，棕色瓶低温遮光保存。1%淀粉溶液检测：溶液遇碘变为蓝色，如变紫要重配。

（4）（1∶5）硫酸溶液　按1∶5比例，将1体积的1.84g/mL的浓硫酸慢慢加入5体积的蒸馏水中，混匀，冷却，置于试剂瓶备用。

（5）重铬酸钾标准溶液 $[1/6(K_2Cr_2O_7)=0.025mol/L]$　将重铬酸钾置于105℃烘干2h，冷却后称取烘干至恒重的重铬酸钾1.2258g，蒸馏水溶解，定容至1000mL，置于棕色瓶备用。

（6）硫代硫酸钠标准溶液　称取6.2g分析纯硫代硫酸钠（$Na_2S_2O_3 \cdot 5H_2O$），蒸馏水溶解后加0.2g无水碳酸钠，定容至1000mL，置于棕色瓶中备用。硫代硫酸钠标准溶液用重铬酸钾标准溶液（浓度为0.025mol/L）标定：称取1g固体碘化钾，加入250mL的碘量瓶，100mL蒸馏水溶解，加入10mL的0.025mol/L重铬酸钾溶液和5mL（1∶5）硫酸溶液，摇匀，静置5min。发生反应如下：

$$K_2Cr_2O_7 + 6KI + 7H_2SO_4 \Longrightarrow 4K_2SO_4 + Cr_2(SO_4)_3 + 3I_2 + 7H_2O$$

用硫代硫酸钠溶液滴定，溶液呈浅黄色时加入1mL淀粉溶液，继续滴定至蓝色刚好消失为滴定终点，记录硫代硫酸钠溶液的用量。

$$c = 10.00 \times 0.0250/V$$

式中　c——硫代硫酸钠溶液浓度，mol/L；

V——硫代硫酸钠标准溶液消耗量，mL。

四、 实验步骤

1. 取水样

取水样置于250～300mL的磨口瓶（或250mL的碘量瓶）中，贴好标签，记录水样信息。

2. 加硫酸锰溶液和碱性碘化钾溶液

用移液管（或移液枪）吸取硫酸锰溶液2mL，插入磨口瓶内液面下放出溶液。用移液管（或移液枪）吸取碱性碘化钾溶液2mL，插入瓶内液面下放出溶液。盖紧瓶盖，充分混合摇匀，此时瓶中产生沉淀物。

3. 析出碘

磨口瓶内沉淀物溶液加入2mL浓硫酸，盖紧瓶塞，振荡磨口瓶，至沉淀物完全溶解，暗处静置5min。

4. 滴定

吸取100mL水样处理液于250mL锥形瓶中，用硫代硫酸钠滴定，溶液呈浅黄色时，加入2mL 1%淀粉溶液，继续滴定。当蓝色刚好褪去时为滴定终点，记录硫代硫酸钠溶液的用量 V，单位为 mL。

5. 溶解氧浓度计算

$$C_{DO} = (cV \times 1000 \times 8)/100$$

式中　C_{DO}——水样的溶解氧浓度，mg/L；

　　　c——硫代硫酸钠标准溶液浓度，mol/L；

　　　V——硫代硫酸钠标准溶液消耗量，mL；

　　　8——1/2 氧摩尔质量，g/mol。

五、 实施建议

1. 建议

（1）取水样前，将瓶用水样冲洗 3 次以上；取水量必须充满磨口瓶，不能留有气泡，盖紧瓶盖。

（2）建议在取样时加入硫酸亚锰及氢氧化钠与碘化钾的混合溶液，固定水中的溶解氧，然后再带回实验室测定。

（3）硫代硫酸钠标准溶液、淀粉指示剂最好现用现配，不宜久存。

2. 注意事项

（1）配制含强酸、剧毒试剂的溶液应按实验室的规定办理手续，严格遵守实验操作流程。强酸、强碱、剧毒等化学试剂触及皮肤立即用大量自来水冲洗，避免灼伤。

（2）保持实验室门和通道畅通，最小化存放浓硫酸等试剂数量。

（3）水样呈强酸性或强碱性时，可用氢氧化钠或盐酸调至中性后测定。

（4）用硫代硫酸钠标准溶液滴定水样时，如到达滴定终点后的溶液在 30s 后变蓝属于正常现象。如到达滴定终点后立即变蓝，表明水中可能含有亚硝酸盐。在磨口瓶中产生沉淀物时，加入几滴 5% 叠氮化钠与碱性碘化钾后再加入浓硫酸溶解沉淀物，可以消除亚硝酸盐对滴定结果的干扰。

（5）水样处理液中含铁离子达 $100 \sim 200$ mg/L 时，可加入 1mL 40% 的氟化钾溶液消除对滴定实验的干扰。

（6）在水样中加入硫酸锰（$MnSO_4$）后未出现棕色沉淀，表明溶解氧含量可能偏低。当滴定结果偏低时要注意浓硫酸的用量，可追加少量浓硫酸，确保碘的析出。

（7）实验废液含强酸、强碱、剧毒等化学试剂，严禁倒入水槽，必须收集在废液桶内集中处理，避免污染。

（8）实验结束后及时清理实验用具，实验器皿及时洗净并保持干燥，保持室内干净整洁。

六、 实验结果

1. 水体样品信息

水体样品信息填入表 1-9。

表 1-9 水体样品信息

水样编号	采集时间	采集地点	水样描述
1			
2			
3			
...			

2. 测定水体样品溶解氧含量

测定结果填入表 1-10，分析不同水体样品溶解氧差异。

表 1-10 水样溶解氧含量测定结果

水样编号	硫代硫酸钠标准溶液浓度 (c)/(mol/L)	硫代硫酸钠溶液消耗量 (V)/mL	水样溶解氧值 (C_{DO})/(mg/L)
1			
2			
3			
...			

七、 综合拓展

（1）建议 5～6 名学生成立拓展实验小组；实验小组应开展综合性、设计性实验的选题及方案讨论活动，确定的选题可作为实验副标题。

（2）实验选题要考虑水体取样设计，可以设计校园水样种类，或者城市、乡村常见水样种类；待测水样可以按不同地点、上下游阶段、不同深度等分类采集，也可以设计水质变化控制性实验作为水样来源。

（3）实验方案的设计和实验报告的撰写均要注意查阅文献数据库，引用必要的文献。

八、 思考题

1. 溶解氧指标对水体检测有什么生态意义？

2. 结合实验结果，分析不同水体溶解氧产生差异的原因。

实验四 逆境胁迫对植物耐逆特性的影响

一、 实验目的

（1）掌握测定丙二醛（MDA）和可溶性糖的方法，分析胁迫生境下的植物耐逆特征。

（2）了解逆境胁迫对植物耐逆特性的影响。

二、 实验原理

植物遭受干旱、高温、低温等逆境胁迫时，其形态结构、生长发育、生理生化特性等指标均发生不同程度的变化，可作为植物耐逆性指标。植物在逆境条件下往往产生膜脂过氧化作用，表现出丙二醛（malondialde-hyde，MDA）、可溶性糖含量增加的现象，因此丙二醛、可溶性糖可以作为植物经受逆境胁迫的耐逆性指标。

在酸性和高温条件下，丙二醛可以与硫代巴比妥酸（thiobarbituric acid，TBA）反应生成红棕色的 3,5,5-三甲基噁唑-2,4-二酮，在 532nm 处有最大吸收波长。可溶性糖在 532nm 处有吸收峰，在 450nm 处有最大吸收波长。因此采用双组分分光光度法可同时测定丙二醛、可溶性糖的含量。

三、 仪器与材料

1. 仪器

分光光度计，低速离心机，离心管（15mL），具塞试管（15mL、25mL），烧杯（50mL、500mL），玻璃棒，研钵，移液枪（2mL、5mL），冰箱，电子天平（0.001g），温湿度计，照度计，鼓风干燥箱，人工气候箱，卷尺，计算器等。

2. 试剂材料

10%三氯乙酸（trichloroacetic acid，TCA），0.6%硫代巴比妥酸（用10%三氯乙酸配制0.6%的硫代巴比妥酸溶液），石英砂。10%三氯乙酸、0.6％硫代巴比妥酸均置于棕色瓶冷藏备用。

四、 实验步骤

1. 采集植物样品

（1）室外采集植物样品　选择林下（遮阴胁迫条件）和空地（自然光照条件）两种生境。草本植物任选1～2种，采集成熟叶片，带回实验室置于冰箱内，低温保鲜储藏备用。

在林下和空地两种生境的草本植物采样位置分别测定光照、温度、湿度等指标，一般按植物高度设置高、中、低3个测量位置，取其平均值（也可根据植物生长特性设置环境因子测量点）。采集土壤样品，以烘干称重法测定含水量。记录环境因子数据。

（2）室内采集植物样品　在人工气候箱中，提前种植1～2种草本植物，分别设置光照、温度和水分胁迫条件的控制环境因子实验。记录人工气候箱内光照、温度和水分等数据。

控制实验结束后马上采集植物样品，置于冰箱内低温保鲜储藏备用。土壤样品含水量采用烘干称重法测定。

2. 提取液制备

取鲜叶1g，加入2mL的10％三氯乙酸和少量石英砂研磨提取，进一步加入6～8mL 10％三氯乙酸充分研磨，转入15mL离心管，用10％三氯乙酸补足15mL，4000g离心10min，上清液为提取液。

3. 分光光度法测定

（1）取提取液4mL于具塞试管中，加入4mL 0.6％硫代巴比妥酸为反应液，混匀加塞，沸水浴15min，然后置于0℃冰水中迅速冷却（此步骤要注意防止试管爆裂）。

（2）取冷却后的反应液转入15mL离心管，4000g离心10min，取上清液测定532nm和450nm处的OD值（即OD_{532}和OD_{450}），以蒸馏水作为对照。

4. 计算丙二醛和可溶性糖的含量

计算式如下：

$$C_1 = 11.71 OD_{450}$$

$$C_2 = 6.45 OD_{532} - 0.56 OD_{450}$$

式中　OD_{532}——待测液在 532nm 处的 OD 值；

　　　　OD_{450}——待测液在 450nm 处的 OD 值；

　　　　C_1——可溶性糖的含量，mmol/L；

　　　　C_2——丙二醛的含量，μmol/L。

根据植物样品质量、测定液体积和浓度，分别计算出丙二醛和可溶性糖含量。

五、 实施建议

1. 建议

（1）建议室外、室内采集植物样品方式可二选一，也可设置其他采样方式。

（2）植物种类选择以草本为好，室外、室内取样尽量选择生长条件相近的成熟叶片。

（3）提前预习分光光度计测定方法，熟悉仪器设备的使用。

（4）建议 2 人一组开展实验，每个测定指标至少 3 次重复。

（5）综合分析胁迫生境环境因子对植物样品的丙二醛和可溶性糖含量的影响，分析该种植物的耐逆特性。

2. 注意事项

（1）配制含强酸、剧毒试剂的溶液应按实验室的规定办理手续，严格遵守实验操作流程。

（2）植物样品鲜叶研磨后要注意遮光保存。

（3）有毒、有腐蚀性化学试剂触及皮肤，应立即用大量自来水冲洗，避免灼伤。

（4）实验废液含有毒化学试剂，不能直接倒入水槽，必须收集在废液桶内集中处理，避免污染。

（5）实验结束后及时清理实验用具，实验器皿及时洗净并保持干燥，保持室内干净整洁。

六、 实验结果

1. 测定植物生长环境因子

室外测定结果填入表 1-11；室内测定结果填入表 1-12。

表 1-11 不同生境的主要环境因子

生境	重复	光强 /lx	气温 /℃	湿度 /%	土壤含水量 /%
林下 (胁迫生境)	1				
	2				
	3				
	平均值				
	标准差				
空地 (自然生境)	1				
	2				
	3				
	平均值				
	标准差				

表 1-12 控制实验的主要环境因子

重复	光强 /lx	气温 /℃	湿度 /%	土壤含水量 /%
1				
2				
3				
平均值				
标准差				

2. 测定丙二醛和可溶性糖含量

计算数据填入表 1-13,按野外不同生境或控制实验的处理梯度进行分析。

表 1-13 植物样品的丙二醛和可溶性糖含量

生境类型	植物样品名称	重复	丙二醛含量 /(μmol/g)	可溶性糖含量 /(mg/g)
林下 (胁迫生境)	Y1	1		
		2		
		3		
		…		
		平均值		
		标准差		
空地 (自然生境)	Y2	1		
		2		
		3		
		…		
		平均值		
		标准差		

七、 综合拓展

（1）建议5～6名学生成立拓展实验小组；实验小组应开展综合性、设计性实验的选题及方案讨论活动，确定的选题可作为实验副标题。

（2）选题可以选择室内控制实验，更有利于获取环境因子指标。如选择野外实验，要按环境因子梯度选取环境因子差异明显的样地，如林下和空地，环境因子（如光照、湿度等）梯度要明显。结果分析可根据需要绘制单因子柱状图或曲线图，分析胁迫生境环境因子对植物样品的丙二醛和可溶性糖含量的影响，讨论该种植物的耐逆特性。例如，为观察遮阴处理对少花龙葵（*Solanum photeinocarpum* Nakamura et S. Odashima）的影响，设计自然光照条件和遮阴条件（黑色遮阳网透光率约为50%）对照实验，分别于出苗后27d、36d、48d、63d、76d、88d、110d、125d取植物叶片测定丙二醛和可溶性糖含量（如图1-5所示）。

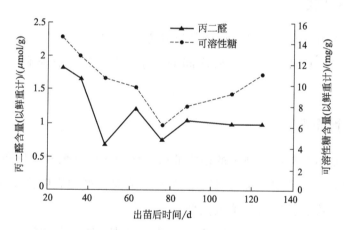

图1-5　少花龙葵叶片丙二醛和可溶性糖含量的时间动态

（可溶性糖数据引自赵则海，2008）

实验结果可以对比分析少花龙葵叶片丙二醛和可溶性糖含量的时间动态，探讨遮阴处理对少花龙葵生理生化指标的生态影响。

（3）实验小组制订实验方案后，可进行合理分工以提高实验效率，数据汇总后小组共享、共同讨论，然后独立完成实验报告的分析部分。

（4）实验方案的设计和实验报告的撰写均要注意查阅文献数据库，引用必要的文献。

八、 思考题

1. 遮阴处理对植物生理生化指标有何影响？遮阴对生态系统垂直组分有何影响？

2. 对照实验设计在植物耐逆性分析中有什么优缺点？

3. 不同生境植物的丙二醛和可溶性糖含量有何不同？哪些生境的植物耐逆性较强？

实验五　生物气候图的绘制方法

一、 实验目的

（1）学习并掌握生物气候图的绘制方法。

（2）了解植被分布与气候之间的关系，分析取样区域的气候和植被特点。

二、 实验原理

植被是指覆盖某一地区的植物群落，该地区的气候和土壤条件对植被类型影响显著。其中，某一地区的气候对植被类型的影响高于土壤条件，每种气候下都有其特有的植被类型。

生物气候图（bioclimatic chart）由维克托·奥吉尔（Victor Olgyay）在 20 世纪 50 年代提出，用坐标图形表示太阳辐射、温度、湿度等气候要素，结合生物气候图可以分析某一地区建筑设计的气候适应性和地域特色。Walter 生物气候图能较好地反映水、热二者综合的气候特点，解释植被的分布规律。Walter 生物气候图解主要用月平均气温和月平均降水量的匹配关系来表示生物气候类型。

生物气候图解如图 1-6 所示。

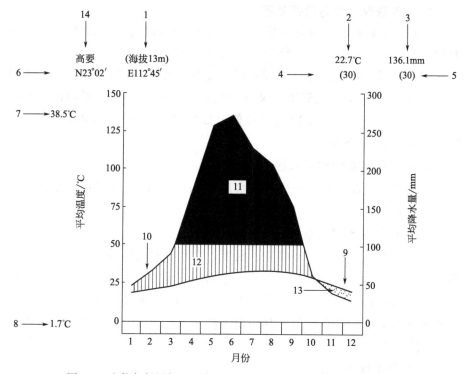

图 1-6　生物气候图解（以高要 1981～2010 年基本气候资料为例）

1—海拔（m）；2—年均温（℃）；3—年均降水（mm）；4—观测年数；

5—降水的观测年数；6—经纬度；7—绝对最高温度（℃）；8—绝对最低温度（℃）；

9—月平均温度曲线；10—月平均降水量曲线；11—月平均降水量超过 100mm（黑色或灰色区域）；

12—温润期（直线条区域）；13—干旱期（小黑点区域）；14—地名

〔数据来源：中国气象数据网；参考宋永昌（2001）、娄安如（2005）方法绘制〕

三、　仪器与资料

1. 仪器

计算机，坐标纸，直尺，铅笔，橡皮，地图。

2. 气象资料

我国主要省、区近几十年来气象站台的逐月年平均降水量和年平均温度资料，以及最低、最高温度等气象数据。本地城市或国内其他主要城市（或地区）的多年逐月资料等。

四、　实验步骤

1. 气象资料收集与数据处理

（1）收集研究城市（或区域）的地图和气象数据。可根据实验需要获取相应年份的气象数据，一般为 10~30 年数据。

（2）根据气象数据逐月整理数据，逐月计算平均温度（℃）、平均最高温度（℃）、绝对最高温度（又称极端最高温度）（℃）、平均最低温度（℃）、绝对最低温度（又称极端最低温度）（℃）、平均降水量（mm）、降水天数（d）等指标。

2. 绘制气温曲线和降水柱状图

根据平均温度（℃）和平均降水量（mm）绘制研究城市或地区的气温曲线和降水柱状图。

3. 生物气候年度数据记录与统计

记录该城市的海拔、经纬度、温度、降水、观测年数等信息，计算平均温度（℃）、平均最高温度（℃）、绝对最高温度（℃）、平均最低温度（℃）、绝对最低温度（℃）、平均降水量（mm）、降水天数（d）等指标的年度平均数据。计算出最低日均温度低于 0℃ 的月份和绝对最低温度低于 0℃ 的月份。

4. 绘制生物气候图

在坐标纸上绘制降水-温度曲线。以月平均气温和月平均降水量作为两个纵坐标轴，按 $P=2T$ 建立坐标刻度值（左轴为温度 T，右轴为降水量 P）；纵坐标刻度值的大小根据逐月平均温度和平均降水量的具体数值大小确定，如月平均气温曲线 1 刻度（即 1 格）代表 10℃，则月平均降水 1 刻度（即 1 格）代表 20mm；若月平均降水量超过 100mm，则刻度单位缩小 1/10。以两条平行横线分为 12 段（代表 12 个月）为横坐标，按坐标刻度标明月份。

5. 气候图解的信息标注

（1）降水-温度曲线标示符的填充方法 温度曲线在上、降水曲线在下的区域表示干旱期，用小黑点填充；温度曲线在下、降水曲线在上的区域表示湿润期，用细竖线填充；在湿润期范围用黑色（或灰色）填充月平均降水量超过 100mm 的区域。

（2）纵坐标轴信息标注 在温度坐标轴的上方标注站点名称、经纬度、海拔和绝对最高温度，在下方标出绝对最低温度。在降水坐标轴的上方标注年均温度和年均降水量。

（3）横坐标双线轴标示符的填充方法 统计出最低日均温度低于 0℃

的月份和绝对最低温度低于0℃的月份。在双线轴线上，用黑色填充最低日均温度低于0℃的月份；用斜线条填充绝对最低温度低于0℃的月份。

五、 实施建议

1. 建议

（1）实验研究地点的选择可以考虑南北纬度差异和东西经度差异；为增加可比性，尽可能按同一经度（或相近经度）或同一纬度（或相近纬度）确定不同城市。

（2）尽可能获取研究区域的几十年来的气象数据。本地城市可获取气象台数据。

（3）气温曲线和降水柱状图可使用计算机绘制；生物气候图解较为复杂，参考图1-6手绘较为方便。

2. 注意事项

（1）研究区域的气象数据尽可能获得公开发表或气象部门网上公布资料，并注明数据来源。

（2）生物气候图解有两个纵坐标轴，月平均气温和月平均降水量一定要按 $P=2T$ 建立坐标刻度值。

六、 实验结果

（1）获取研究城市的逐月基本气候数据，统计数据填入表1-14，参考图1-7绘制气温曲线和降水柱状图。

表1-14 研究城市不同月份气候资料统计（19 ～20 年）

指标	月份											
	1	2	3	4	5	6	7	8	9	10	11	12
平均温度/℃												
平均最高温度/℃												
绝对最高温度/℃												
平均最低温度/℃												
绝对最低温度/℃												
平均降水量/mm												
降水天数/d												
…												

注：1. 以上各指标数据均为按月份统计的年平均值。

2. 若超过 2 个城市，则每个城市要单独列表。

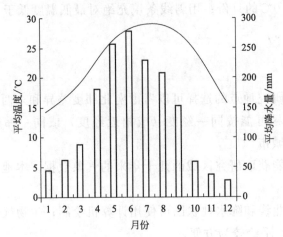

图 1-7　气温曲线和降水柱状图（以高要 1981～2010 年基本气候资料为例）

（数据来源：中国气象数据网）

（2）收集选定城市（或地区）的生物气候信息数据填入表 1-15，参考图 1-6 绘制选定城市的生物气候图解。

表 1-15　研究城市（或地区）的生物气候信息数据

调查项目	数据	调查项目	数据
研究城市(或地区)名称		年平均温度/℃	
海拔高度/m		年最高温度/℃	
纬度 N		年最低温度/℃	
经度 E		年平均降水量/mm	
温度的观测年数/年		年最大降水量/mm	
降水的观测年数/年		年最低降水量/mm	
数据来源			

七、 综合拓展

（1）安排 2～4 名学生成立拓展实验小组；实验小组开展综合性实验的选题及方案讨论，确定选题可作为实验副标题。

（2）选题方向可以多种多样，例如可以按低纬度地区和高纬度地区、沿海地区和内陆地区的地理分布确定实验方向，也可以根据温度和降水的月份变化规律确定实验方向等。根据实验方向确定实验选题，合理设置研究城市或地区。

（3）根据地理分布、气候特点等梯度收集 3 个以上城市（或地区）的月份气候资料，生物气候信息统计数据填入表1-16，绘制不同城市的生物气候图解，比较不同城市的气候特点。

表 1-16　不同城市（或地区）生物气候信息数据

指标	城市(或地区)名称			
	1	2	3	…
海拔高度/m				
纬度 N				
经度 E				
温度的观测年数/年				
年平均温度/℃				
年最高温度/℃				
年最低温度/℃				
降水的观测年数/年				
年平均降水量/mm				
年最大降水量/mm				
年最低降水量/mm				
…				

（4）研究城市的生物气候信息及年度数据指标可根据需要进行增减。

（5）实验小组制订实验方案后，可进行合理分工，收集气象资料数据汇总后数据共享，然后各自独立绘制生物气候图并独立完成结果分析部分。

（6）实验方案的设计和实验报告的撰写均要注意查阅文献数据库，引用必要的文献。

八、思考题

1. 以某个城市或地区为例，分析生物气候图解信息。
2. 对比分析几个城市的生物气候图，并说明各城市的气候特点。
3. 结合生物气候图，分析不同纬度、不同经度地区的气候差异。

参考文献

[1] 关连珠.普通土壤学［M］.2版.北京：中国农业大学出版社，2016.

[2] 霍亚贞，李天杰，等.土壤地理实验实习［M］.北京：高等教育出版社，1986.

[3] 《土壤和土壤化学分析》编写组.土壤和土壤化学分析［M］.上海：上海人民出版社，1977.

[4] 考克斯 G W.普通生态学实验手册［M］.蒋有绪译.北京：科学出版社，1979.

[5] 徐启刚，黄润华.土壤地理学教程［M］.北京：高等教育出版社，1991.

[6] 张会民，刘红霞.土壤与植物营养实验实习教程［M］.咸阳：西北农林科技大学出版社，2004.

[7] 杨持.生态学实验与实习［M］.北京：高等教育出版社，2003.

[8] 仲跻秀，施岗陵.土壤学［M］.北京：农业出版社，1992.

[9] 毛芳芳. 森林环境 [M]. 北京：中国林业出版社，2006.

[10] 王家强，彭杰，柳维杨，等. 土壤地理学实验实习指导 [M]. 成都：西南财经大学出版社，2014.

[11] 梁秀丽，潘忠泉，王爱萍，等. 碘量法测定水中溶解氧 [J]. 化学分析计量，2008，17（2）：54-56.

[12] 环境保护部. 国家地表水环境质量监测网监测任务作业指导书 [EB/OL]. 中国环境监测总站，2017-09-27/ [2020-05-10]. http://www.cnemc.cn/jcgf/shj/201709/t20170927_647306.shtml.

[13] 安卫东，陶良瑛. 碘量法测定水中溶解氧测量不确定度的评定 [J]. 化学分析计量，2003，12（6）：5-7.

[14] 申海燕. 碘量法测定水中溶解氧的含量 [J]. 娄底师专学报，2000（4）：64-65.

[15] 张济新，孙海霖，朱明华. 仪器分析实验 [M]. 北京：高等教育出版社，1998.

[16] 黄儒钦. 环境科学基础 [M]. 第3版. 成都：西南交通大学出版社，2002.

[17] 阿娟，敖特根. 普通化学实验 [M]. 北京：中国农业出版社，2007.

[18] 张志良. 植物生理学实验指导 [M]. 第2版. 北京：高等教育出版社，1990.

[19] 赵则海，陈雄伟. 遮荫处理对4种草本植物生理生化特性的影响 [J]. 生态环境，2007，16（3）：931-934.

[20] 赵则海. 发育时期对少花龙葵光合生理特性及代谢产物的影响 [J]. 生态环境，2008，17（1）：312-316.

[21] 娄安如，牛翠娟. 基础生态学实验指导 [M]. 北京：高等教育出版社，2005.

[22] 宋永昌. 植被生态学 [M]. 上海：华东师范大学出版社，2001.

[23] 杨柳. 建筑气候学 [M]. 北京：中国建筑工业出版社，2010.

[24] 龙淳，冉茂宇. 生物气候图与气候适应性设计方法 [J]. 建筑与结构设计，2006（10）：7-12.

[25] 中国气象数据网. 气候标准值 [EB/OL]. http://data.cma.cn/data/weatherBk.html. [2020-05-05].

第二章
种群生态学

实验六　植物种群密度分析

一、 实验目的

（1）掌握植物种群的密度与频度的计算方法。

（2）了解植物种群生态学野外调查方法。

二、 实验原理

　　植物种群特征指标很多，如植物的密度、频度、多度、盖度、优势度等。植物种群的密度和频度反映的是该种群在一定环境内的空间分布特征，是种群生物学特征对环境条件长期适应的结果。种群密度通常以单位面积或单位容积内的个体数目来表示，常用符号 D 表示。某一生境的植物种群密度是植物种群基于自身的生物学特性（如生长发育特性、繁殖特性、种子传播特性等）对环境条件适应的表现。植物种群通过种群内部的自我调节保持相对稳定的分布特征，受生存空间、可利用资源等条件的制约。频度是指某个物种在样本总体中的出现频率，常按包含该物种个体的样方数占全部样方数的百分比来计算，用符号 F 表示。植物种群的频度是描述物种在一定范围内出现程度的量，植物种群的频度越高，物种在一定范围内出现的次数越多出现概率越大。

三、 仪器与材料

　　样方测绳（100m），皮尺（50m），卷尺（2m），调查统计表等。

四、 实验步骤

1. 样地的选择

（1）确定样地 样地是指能够反映植物群落基本特征的一定地段。根据具体情况在室外选择乔木、灌木或草本样地。

（2）确定样方面积 乔木样方面积为 $(20×20)m^2$；灌木样方面积为 $(5×5)m^2$；草本样方面积为 $(1×1)m^2$。

2. 确定研究物种

（1）在样地内识别物种名称并编号，一般调查区域内常见种类均要调查（不认识的植物编号后制取标本备查）。

（2）选择 3~10 种植物作为研究物种。

3. 样方调查

（1）密度样方调查 在样地内随机设置不少于 3 个样方。在样方内调查研究物种的个体数量。

（2）频度样方调查 在样地内随机设置样方 15~30 个（为了在规定课时内完成实验，可根据具体情况确定样方数量）。在随机设置的 n 个样方中调查研究物种出现情况。

4. 数据计算

（1）密度的计算

$$D = \frac{N}{S}$$

式中　D——种群密度，株/m^2；

　　　N——样方内某物种的个体数，株；

　　　S——样方面积，m^2。

（2）频度的计算

$$F = \frac{n_i}{N} × 100\%$$

式中　F——频度，%；

　　　n_i——第 i 物种出现的样方数，个；

　　　N——频度调查样方总数，个。

五、 实施建议

1. 建议

（1）样地选择要具有典型性，在样地内随机设置样方。

（2）植物种群密度调查的物种不少于 3 种，种群频度调查样方的数量不少于 15 个。

（3）在密度调查和频度调查中，要求选择的物种名称及编号要完全一致，以利于不同样地之间种群密度和频度的比较。

（4）植物种群调查中，乔木、灌木以及非禾本科植物以株为单位，根茎类禾草以丛为单位。

2. 注意事项

（1）室外实验要注意遵守纪律和秩序，注意人身安全。

（2）要以小组为单位开展样地调查。

六、 实验结果

（1）样地内植物种类调查，物种名称和描述信息填入表 2-1。

表 2-1 植物种类及描述信息

物种编号	物种名称	植物描述	研究物种选择
1 2 3 …			

注：某物种被确定为研究物种在最后一列对应位置标记"○"。

（2）样地内植物种群密度和频度调查，种群密度结果填入表 2-2，种群频度结果填入表 2-3。

表 2-2 植物种群密度调查结果

样方面积：　　　m^2

样方编号	项目	研究物种			
		1	2	3	…
1	数量/株 密度/(株/m^2)				
2	数量/株 密度/(株/m^2)				
…	… …				
平均值	数量/株 密度/(株/m^2)				

注：随机取样样方的面积大小要一致；平均值指各样方种群密度调查数据的平均值。

表 2-3 植物种群频度调查结果

样方面积：　　　m²

| 研究物种 | 样方编号 | | | | | | | | | | | 频度 | 频率/% |
	1	2	3	4	5	6	7	8	9	10	…		
1													
2													
3													
…													

注：调查样方内某物种出现打"√"，不出现打"×"。

（3）比较样地内植物种群密度和频度差异，并分析产生这些差异的主要原因。

七、 综合拓展

（1）建议 5～6 名学生成立拓展实验小组；实验小组应开展综合性、设计性实验的选题及方案讨论活动，确定的选题可作为实验副标题。

（2）按环境因子梯度选取样地，分别调查种群密度和频度，重复次数 3 次以上。

例如，按林下、林缘、空地三种生境类型随机设置样方，利用照度计测定光照强度等环境参数，按上述步骤计算植物种群密度和频度，按环境因子（光照因子）梯度将植物种群密度和频度汇总（见表 2-4）。以种群密度和频度为纵坐标，以环境因子梯度为横坐标绘制柱状图，比较不同植物种群的种群密度和频度变化规律，分析环境因子对不同植物种群的种群密度和频度的影响。

表 2-4 基于环境因子（光照因子）梯度的植物种群密度和频度测定

样地类型	样方编号	样方面积/m²	光照强度/lx	密度/(株/m²)	频度/%
林下	1				
	2				
	3				
	…				
	平均值				
	标准差				
林缘	1				
	2				
	3				
	…				
	平均值				
	标准差				

样地类型	样方编号	样方面积 /m²	光照强度 /lx	密度 /(株/m²)	频度 /%
空地	1 2 3 …				
	平均值				
	标准差				

（3）为减少调查时间、提高实验效率，实验小组可根据调查任务分工。例如，实验小组分为若干小组，分别负责调查某一生境的植物密度、频度等指标，各小组的数据汇总后共享，共同讨论，然后独立完成实验报告的分析部分。

（4）样地内种群指标的表现方法多种多样，可根据研究的需要确定表现方法。例如，为了解种群密度指标的空间分布情况，可绘制种群密度空间分布图。具体做法为：以某一点为坐标原点，记录每个小组的鬼针草（*Bidens pilosa* L.）种群调查样方的中心点坐标，计算种群密度（见表 2-5）。

表 2-5　林下草本样方位置及植物种群密度

样方编号	X	Y	密度 /(株/m²)	样方编号	X	Y	密度 /(株/m²)
1	35	45	12	13	65	60	18
2	15	20	9	14	80	90	19
3	55	17	14	15	10	95	23
4	8	25	17	16	45	90	15
5	86	42	24	17	88	15	8
6	17	45	11	18	45	50	7
7	24	26	13	19	65	30	12
8	79	48	25	20	65	78	16
9	16	24	10	21	100	100	9
10	33	17	14	22	0	0	8
11	28	73	8	23	5	100	4
12	28	38	5	24	100	0	11

　　各小组的 24 个样方在样地内的分布位置如图 2-1 所示，应用专业绘图软件（如 Matlab、OriginPro 等）绘制植物种群密度等值线图（见图 2-2），用于分析不同植物种群密度在样地内的空间分布规律。

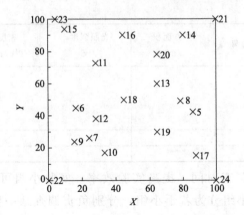

图 2-1　各样方在样地内的分布位置

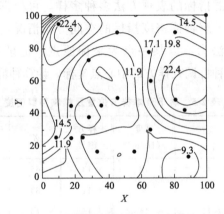

图 2-2　植物种群密度的空间分布

（5）在样方调查中，各小组应先共同完成样地物种调查；在密度、频度样方调查时，各小组选择的物种名称及编号必须完全一致，测定的结果才能用于不同样地之间的比较分析。

（6）实验方案的设计和实验报告的撰写均要注意查阅文献数据库，引用必要的文献。

八、思考题

1. 研究种群的密度和频度有什么生态学意义？
2. 环境因子对植物种群的种群密度和频度有何影响？

实验七　种群空间分布格局分析

一、 实验目的

（1）掌握种群空间分布格局的分析方法。

（2）了解植物种群空间分布格局的分布类型。

二、 实验原理

空间分布格局（spatial distribution pattern）是指种群个体在水平空间的配置状况或分布状态，能够反映植物种群在水平空间上个体之间的相互关系，是植物生物学特性、种内关系、种间关系以及环境条件综合作用的结果。植物种群的空间分布格局是表现种群空间属性的基本数量特征之一。

空间分布格局的研究方法主要分为样方法、距离法和点格局分析法。

（1）样方法　对样方内个体的位置、数量等指标进行调查，采用频次检验法、统计计数法、分布指数法等方法分析空间分布格局。

（2）距离法（也叫无样地法）　测量每个植物个体到其最近邻体之间的距离，采用无样方抽样法研究种群分布格局。无样方抽样法包括最近个体法、最近相邻法、随机成对法和中心点-四分法等。

（3）点格局分析法　测量整个调查样地内每个个体的坐标位置，绘制所有个体空间分布的点图，基于二维数据分析植物种群的空间分布格局。

点格局分析法是基于植物个体在空间分布坐标进行的二维数据分析，在分析种群的空间分布格局时有很多优点，可以避免丢失样方数据信息，可进行时间尺度与格局关系的研究，种群空间分布格局分析结果更接近实际情况，因此点格局分析法已成为当前植物种群空间分布格局分析的常用方法。

植物种群空间分布格局主要包括随机分布、均匀分布和集群分布（又称聚集分布、负二项分布）三种类型。通过植物种群空间分布格局不仅可以分析了解种群的空间结构特征，揭示种群的生物生态学特性，而且可以了解种群间相互作用以及环境因素对种群行为和生存的影响等。

三、 仪器与材料

皮尺（50m），卷尺（2m），调查表格等。

四、 实验步骤

1. 选择典型样地

了解样地物种组成情况，确定乔木、灌木、草本植物类型。根据实际情况和工作量确定1个植物种群作为研究对象。

2. 样方设计

（1）乔木样方的设计　选择典型地段分别设置20m×20m样方1个，采用相邻网格法划分成5m×5m的小样方进行调查。

（2）灌木样方的设计　选择典型地段分别设置5m×5m样方1个，采用相邻网格法划分成1m×1m的小样方进行调查。

（3）草本植物样方的设计　选择典型地段分别设置1m×1m样方1个，采用相邻网格法划分成0.1m×0.1m或0.2m×0.2m的小样方进行调查。

3. 数据调查

调查各个小样方内植物种群的个体数，计算出总样方数 n、总个体数、小样方个体数的平均值和方差。

4. 种群空间分布类型的检验

（1）泊松分布（Poisson distribution）

① 概率计算　泊松分布用来描述种群的随机分布。在 n 次独立重复的随机实验中，每次实验出现的事件是相互独立的，如果每次出现某事件的概率特别小，那么在实验中小样方出现 x 个植株的概率为：

$$P_x = \frac{m^x \mathrm{e}^{-m}}{x!}$$

式中　P_x——n 个抽样小样方中出现 x 个植株的概率，作为理论值 T_i；

e——自然对数的底数，e=2.71828；

m——样方中的平均个体数，即样本平均值 $\bar{x}$；

x——小样方包含该种群的个体数，取值为1,2,3,…。

② 分布类型的 X^2 检验　将实测值 O_i 与根据泊松分布计算的理论值 T_i 进行 X^2 检验，统计量计算式如下：

$$X^2 = \sum_{i=1}^{n} \frac{(O_i - T_i)^2}{T_i}$$

$$O_i = \frac{n_i}{n}$$

式中　X^2——检验统计量；

　　　O_i——出现 i 个植株数的实测值；

　　　T_i——出现 i 个植株数的理论值，取 P_x 值；

　　　n_i——出现 i 个植株数的小样方数；

　　　n——小样方总数。

查 X^2 分布的分位数表，比较 X^2 与 $X^2_{df,0.05}$ 或 $X^2_{df,0.01}$，做出分布类型判断。

当 $X^2 < X^2_{df,0.05}$ 时，属于随机分布，符合泊松分布。

当 $X^2_{df,0.05} \leqslant X^2 < X^2_{df,0.01}$ 时，表明在 0.01 显著性水平上属于随机分布，符合泊松分布；在 0.05 显著性水平上不符合泊松分布，属于非随机分布。

当 $X^2 \geqslant X^2_{df,0.01}$ 时，属于非随机分布，不符合泊松分布。

为满足 X^2 检验要求，可将相邻区间的理论值 T_i 合并，确保合并值大于 5。

（2）负二项分布（negative binomial distribution）

① 概率计算　负二项分布可用来描述种群聚集分布，种群空间分布呈不均匀的嵌纹状。其概率计算式如下：

$$P_x = \frac{K + x - 1}{x!\,(K - 1)} \times p^x q^{-k-x}$$

$$K = \frac{\overline{x}}{p}$$

$$p = \frac{S^2}{\overline{x}} - 1, \text{且 } 0 < p < 1$$

$$q = 1 - p$$

式中　P_x——负二项分布概率质量函数；

　　　p——实验出现的概率；

　　　q——实验不出现的概率；

x——实验失败次数；

k——实验成功次数；

S^2——样本方差；

$\overline{x}$——样本平均数；

K——参数。

② 分布类型的 X^2 检验　将实测值 O_i 与根据负二项分布计算的理论值 T_i 进行 X^2 检验，统计量计算式如下：

$$X^2 = \sum_{i=1}^{n} \frac{(O_i - T_i)^2}{T_i}$$

$$O_i = \frac{n_i}{n}$$

式中　X^2——检验统计量；

O_i——出现 i 个植株数的实测值；

T_i——出现 i 个植株数的理论值，取 P_x 值；

n_i——出现 i 个植株数的小样方数；

n——小样方总数。

查 X^2 分布的分位数表，比较 X^2 与 $X^2_{df,0.05}$ 或 $X^2_{df,0.01}$，做出分布类型判断。

当 $X^2 < X^2_{df,0.05}$ 时，属于聚集分布，符合负二项分布。

当 $X^2_{df,0.05} \leqslant X^2 < X^2_{df,0.01}$ 时，表明在 0.01 显著性水平上属于聚集分布，符合负二项分布；在 0.05 显著性水平上不符合负二项分布，属于非聚集分布。

当 $X^2 \geqslant X^2_{df,0.01}$ 时，属于非聚集分布，不符合负二项分布。

(3) 奈曼分布（Neyman distribution）

① 概率计算　奈曼分布是泊松分布的特例，其核心分布是个体群之间是随机的，个体群大小约相等，核心周围呈放射状蔓延。其概率计算式如下。

当 $x \geqslant 1$ 时，则：

$$P_x = \frac{m_1 m_2 (1 - e^{-m_2})}{x} \times \sum_{k=0}^{x-1} \left(\frac{m_2^K}{K!} \times P_{x-k-1} \right)$$

式中　m_1, m_2——过程参数；

x——参数，$x=0$ 称为 A 型；$x=1,2,3,\cdots$，依次称为 B 型，C 型，D 型，……。

常用类型为 A 型奈曼分布，即 $x=0$ 时，其计算式简化为：

$$P_0 = e^{-m_1}(1 - e^{-m_2})$$

$$m_1 = \frac{\overline{x}^2}{S^2 - \overline{x}}$$

$$m_2 = \frac{\overline{x}}{m_1}$$

式中　P_0——A 型奈曼分布概率值；

　　　e——自然对数的底数，e=2.71828；

　　　S^2——样本方差；

　　　$\overline{x}$——样本平均值。

② 分布类型的 X^2 检验　将实测值 O_i 与根据 A 型奈曼分布计算的理论值 T_i 进行 X^2 检验，统计量计算式如下：

$$X^2 = \sum_{i=1}^{n} \frac{(O_i - T_i)^2}{T_i}$$

$$O_i = \frac{n_i}{n}$$

式中　X^2——检验统计量；

　　　O_i——出现 i 个植株数的实测值；

　　　T_i——出现 i 个植株数的理论值，取 P_x 值；

　　　n_i——出现 i 个植株数的小样方数；

　　　n——小样方总数。

查 X^2 分布的分位数表，比较 X^2 与 $X^2_{df,0.05}$ 或 $X^2_{df,0.01}$，做出分布类型判断。

当 $X^2 < X^2_{df,0.05}$ 时，属于聚集分布，符合 A 型奈曼分布。

当 $X^2_{df,0.05} \leqslant X^2 < X^2_{df,0.01}$ 时，表明在 0.01 显著性水平上属于聚集分布，符合 A 型奈曼分布；在 0.05 显著性水平上属于非聚集分布，不符合 A 型奈曼分布。

当 $X^2 \geqslant X^2_{df,0.01}$ 时，属于非聚集分布，不符合 A 型奈曼分布。

5. 种群空间分布格局指数计算

测度种群分布格局的方法有十余种，常见的测定指标为扩散系数（C_x）、负二项参数（K）、聚集度指数（I）、扩散型指数（I_δ）、Cassie 指数、聚块性指标等。

（1）扩散系数

① 指标计算　扩散系数（C_x）是检验种群是否偏离随机分布的系数，也叫偏离系数。计算式如下：

$$C_x = \frac{S^2}{\bar{x}}$$

式中　C_x——扩散系数；

$\quad\quad S^2$——小样方个体数的方差；

$\quad\quad \bar{x}$——小样方个体数的平均值。

当 $C_x < 1$ 时，为均匀分布；当 $C_x = 1$ 时，为随机分布；当 $C_x > 1$ 时，为聚集分布。

② 分布类型的 t 检验　采用 t 检验分析种群分布格局的显著性。t 检验计算式如下：

$$t = \frac{C_x - 1}{\sqrt{\dfrac{2}{n-1}}}$$

式中　t——检验统计量；

$\quad\quad C_x$——扩散系数；

$\quad\quad n$——小样方数。

（2）负二项分布参数　负二项分布参数（K）与种群密度无关，用于判别种群中植株的聚集程度。

$$K = \frac{\bar{x}^2}{S^2 - \bar{x}}$$

式中　K——负二项分布参数；

$\quad\quad S^2$——小样方个体数的方差；

$\quad\quad \bar{x}$——小样方个体数的平均值。

当 $K < 0$ 时，为均匀分布；当 $K > 0$ 时，为聚集分布，K 值越接近于 0，则聚集度越大；如果 K 值趋于无穷大，种群接近泊松分布，即随机分布。

（3）聚集度指数

$$I = \frac{S^2}{\overline{x}} - 1$$

式中 I——聚集度指数;

S^2——小样方个体数的方差;

$\overline{x}$——小样方个体数的平均值。

当 $I < 0$ 时,为均匀分布;当 $I = 0$ 时,为随机分布;当 $I > 0$ 时,为聚集分布。

(4) Cassie 指数 Cassie 指数 ($1/K$) 可判断聚集分布状态,计算式为:

$$C_A = \frac{1}{K} = \frac{S^2 - \overline{x}}{\overline{x}^2}$$

式中 C_A——Cassie 指数;

S^2——小样方个体数的方差;

$\overline{x}$——小样方个体数的平均值。

当 $C_A < 0$ 时,为均匀分布;当 $C_A = 0$ 时,为随机分布;当 $C_A > 0$ 时,为聚集分布。

(5) 扩散型指数

$$I_\delta = \frac{S^2 - \overline{x} + \overline{x}^2}{\overline{x}^2} \times \frac{n}{n-1}$$

式中 I_δ——扩散型指数;

S^2——小样方个体数的方差;

$\overline{x}$——小样方个体数的平均值;

n——小样方个体数。

当 $I_\delta = 1$ 时,为随机分布;当 $I_\delta > 1$ 时,为聚集分布。I_δ 不受样方大小的影响,I_δ 值可表明个体在空间散布的非随机性,因而可以直接相互比较。

(6) 聚块性指标 聚块性指标 (PAI) 不受空样地的影响。计算式如下:

$$PAI = \frac{1}{x} \times \left[\overline{x} + \left(\frac{S^2}{\overline{x}} - 1 \right) \right]$$

式中 PAI——聚块性指标;

S^2——小样方个体数的方差；

$\overline{x}$——小样方个体数的平均值。

当 $PAI<1$ 时，为均匀分布；当 $PAI=1$ 时，为随机分布；当 $PAI>1$ 时，为聚集分布。

五、 实施建议

1. 建议

（1）验证性实验建议只进行泊松分布计算，X^2 检验只做 0.05 显著性水平的分布类型检测即可。

（2）验证性实验测度种群分布格局的方法有扩散系数（C_x）、负二项参数（K）、聚集度指数（I）、扩散型指数（I_δ）、Cassie 指数、聚块性指标等，可以任选其一。例如，扩散系数（C_x）或负二项参数（K）。

（3）实验结果的 t 检验、X^2 检验分位数值参考附录。其他统计检验如 u 检验、F 检验、多重比较等参数请查阅相关资料。

2. 注意事项

（1）室外实验要注意遵守纪律和秩序，注意人身安全。

（2）要以小组为单位开展样地调查。

六、 实验结果

（1）调查样地内小样方内植物种群的个体数，种群数量结果填入表 2-6；样方统计结果填入表 2-7。

表 2-6 种群空间格局种群数量调查结果

调查样方面积： m²　　　　　　　　　小样方取样尺度： m× m

小样方编号	1	2	3	4	5	6	7	8	…	n
植物个体数/株									…	

表 2-7 种群空间格局样方数据统计

总样方数(n)/个	总个体数/株	小样方个体数平均值($\overline{x}$)/株	方差(S^2)

（2）对种群空间分布进行 X^2 检验，检验结果填入表 2-8，给出种群空间格局的分布类型。

表 2-8 种群分布格局的 X^2 检验结果

植株个体数/株	实测值（O_i）	理论值（T_i）	X^2 值	X^2 分位数		分布类型
				$X^2_{df,0.05}$	$X^2_{df,0.01}$	
1						
2						
…						

注：1. 分布类型指均匀分布、随机分布、聚集分布；其中，奈曼分布、负二项分布属于聚集分

布，泊松分布属于随机分布。

2. 由于每一个分布类型均需要此表进行 X^2 检验，可根据需要追加表格。

（3）计算种群分布格局指数，计算结果填入表 2-9。

表 2-9　种群分布格局指数测定结果

分布格局指数	计算结果	分布类型	t 值	t 检验分位数	
				$t_{df,0.05}$	$t_{df,0.01}$
扩散系数（C_x） 负二项参数（K） 聚集度指数（I） 扩散型指数（I_δ） Cassie 指数（$1/K$） 聚块性指标（PAI）					

注：仅扩散系数进行 t 检验。

七、　综合拓展

（1）建议 5～6 名学生成立拓展实验小组；实验小组应开展综合性、设计性实验的选题及方案讨论活动，确定的选题可作为实验副标题，填写综合性、设计性实验选题表。

（2）实验选题　可以任意选择乔木、灌木和草本植物种群，种群数量一般不超过 3 种；根据可变尺度相邻格子样方法划分区组，各区组内样方面积和小样方数量填入表 2-10。

表 2-10　种群分布格局取样面积及样方数量

种群名称	区组序号	样方面积 /m²	小样方样尺度 /(m×m)	小样方数量 /个
1	1 2 … n			
2	1 2 … n			
…				

（3）实验设计可以考虑生境差异、物种差异，可以确定若干分布格局测定指标及概率分布。

（4）样方调查要测定种群每个植株的坐标位置，要绘出样方种群分布的坐标位置图，用以描述种群在样方内的二维分布。以大庆地区分布的野生乌拉尔甘草（*Glycyrrhiza uralensis* Fisch.）为例，样方面积为 400m²，甘草植株（分株）分布的坐标位置如图 2-3 所示。将样方网格化，统计每个网格内的个体数量，借助计算机软件绘制种群在样方内的分布密度图（见图2-4），分析植物种群在样方内的空间分布规律。

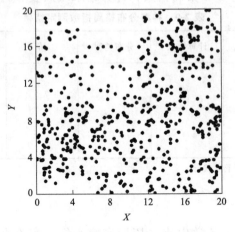

图2-3 乌拉尔甘草种群个体在样方内的位置

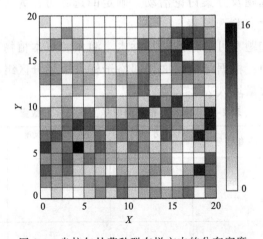

图2-4 乌拉尔甘草种群在样方内的分布密度

（5）实验方案的设计和实验报告的撰写均要注意查阅文献数据库，引用必要的文献。

八、思考题

1. 种群空间分布格局类型有哪些？各有什么特点？
2. 种群分布格局的 X^2 检验有什么意义？
3. 根据实验结果，举例说明种群分布格局指数的优缺点。

实验八 植物化感作用测定

一、 实验目的

（1）掌握利用种子萌发试验测定植物化感作用的方法。

（2）基于化感作用了解植物种内关系和种间关系。

二、 实验原理

德国学者 H. Molisch 于 1937 年提出化感作用（allelopathy）的概念，认为植物的化感作用是指一种植物通过向体外分泌代谢过程中的化学物质，对其他植物产生直接或间接的影响。关于"allelopathy"一词，没有统一的中文译称，一般翻译为"异株克生""互感作用""他感作用""化感作用"等。1992 年，全国自然科学名词审定委员会将"allelopathy"一词确定为"化感作用"。植物种群之间的化感作用常表现出各种各样的种间促进或抑制关系，是种间竞争的一种特殊形式。发生于植物种群内的化感作用常被称为自毒现象，是种内竞争的一种特殊形式。在自然界和城市绿化中，植物群落中植物种群之间的化感作用关系复杂多样，形成植物种群之间动态稳定的化感作用是影响群落演替与变化的原因之一。

植物化感物质（allelochemicals）多为植物的次生代谢产物，主要包括酚类、萜类、炔类、生物碱及其他化合物等物质。植物向环境中释放的化感物质种类、组成、浓度等均对植物种内、种间化感作用强度产生影响，尤其是水溶性化感物质对植物的化感作用更具有现实意义。植物化感作用研究常采用生物测定法，即：利用植物水浸提液处理某种植物种子，根据水溶性化感物质对植物种子的萌发特性、幼苗生长发育状况的作用效果来检测化感物质的化感反应。化感作用是外来植物入侵的一种有力的化学武器，入侵植物的化感物质对本地植物多表现出明显的抑制作用，因此生物测定法结合化感物质的提取与鉴定等工作可以用来分析外来种入侵的化感作用机理。

三、 仪器与材料

1. 仪器

培养箱，鼓风干燥箱，解剖镜，剪刀，镊子，千分尺，培养皿，三角漏斗，大烧杯，锥形瓶等。

2. 材料

次氯酸钠，滤纸，纱布，植物蔬菜种子（如莴苣种子、白菜种子、萝卜种子）等。

四、 实验步骤

1. 浸提液制备

（1）选取待测植物叶片，60℃烘干，粉碎，植物样品干粉备用。

（2）称取植物样品干粉 10.00g，加入 500mL 蒸馏水，室温（20～26℃）浸提 48h。

（3）浸提液 2 次过滤，得浓度为 0.02g/mL 浸提母液，冷藏保存备用。

2. 准备植物种子

选取饱满的上一年蔬菜种子［如莴苣（*Lactuca sativa*）种子］，用 5％的次氯酸钠溶液浸泡 10min，蒸馏水漂洗 3 次，晾干备用。

3. 种子萌发实验

（1）分别取浸提母液，经等体积稀释，得浓度为 0.02g/mL、0.01g/mL、0.005g/mL 浸提液。

（2）吸取 4mL 上述浓度的浸提液加入放有滤纸的直径为 9cm 的培养皿中，每个培养皿编号后放置 15 粒莴苣种子。

（3）以蒸馏水为对照，按 0.005g/mL、0.01g/mL、0.02g/mL 浸提液设置处理梯度，每个处理设 3 个以上重复，于恒温恒湿培养箱 25℃下培养 7d，每 24h 记录种子萌发数量（胚根长度≥1mm 记录）。种子萌发实验调查数据填入表 2-11。

表 2-11 不同浓度水浸液处理蔬菜种子的萌发情况调查

序号	项目	浓度/(g/mL)	重复	播种数/粒	萌发时间/d							萌发数/粒
					1	2	3	4	5	6	7	
1	对照	0	1									
2			2									
3			3									
4	浸提液	0.005	1									
5			2									
6			3									
7	浸提液	0.01	1									
8			2									
9			3									
10	浸提液	0.02	1									
11			2									
12			3									

（4）种子萌发实验结束后，统计种子的萌发率（%）、幼苗的根长（mm）和下胚轴长（mm）。

4. 化感指标计算

（1）根据种子萌发实验记录结果计算化感效应指数。化感效应指数 RI 采用 Williamson（1988）的方法计算：

$$RI = 1 - C/T \quad （当\ T \geqslant C\ 时）$$
或
$$RI = T/C - 1 \quad （当\ T < C\ 时）$$

式中　RI——化感效应指数；

　　　C——种子萌发实验的对照值；

　　　T——种子萌发实验的处理值。

当 $RI > 0$ 时，表示促进作用；当 $RI < 0$ 时，表示抑制作用。RI 绝对值的大小代表化感作用强度。

（2）根据种子萌发率（%）、幼苗的根长（mm）和下胚轴长（mm）数据分别计算萌发率化感效应指数 RI_{GR}、根长化感效应指数 RI_{RL}、下胚轴长化感效应指数 RI_{HL}。

（3）对化感效应指数计算结果进行均值比较，进行化感效应分析。

五、 实施建议

1. 建议

（1）由于入侵植物的化感作用较为明显，实验植物建议采用薇甘菊、五爪金龙、紫茎泽兰、豚草等入侵种，也可以使用较为常见的植物（如蟛蜞菊等）。

（2）植物样品取样尽量选择生长条件相近的材料，如成熟叶片。

（3）实验植物样品可以用烘干后的材料，也可以是新鲜材料。

（4）用于检测化感效应的植物种子主要为白菜、菜心、莴苣等蔬菜种子。

（5）种子萌发实验调查每天需要定时检测，建议 2 人 1 组，有利于统计工作分工。

（6）种子萌发实验数据数理统计部分可使用 SPSS、SAS、Excel 等软件计算。

2. 注意事项

（1）由于种子萌发实验培养皿用量大，实验时间较长，且每天都要统计种子萌发数据，因此各个处理的标签十分重要。如果某一个实验处理的标签模糊不清或脱落，将给实验调查统计带来麻烦。

（2）如果在室温条件进行种子萌发实验，室温为 20～26℃ 时可以不使用培养箱。

（3）每个测定指标至少 3 次重复，用于实验数据的均值比较。

（4）实验结束后及时清理实验用具，实验器皿及时洗净并保持干燥，保持室内干净整洁。

六、 实验结果

（1）实施种子萌发实验，萌发率和幼苗形态指标统计结果填入表 2-12。

表 2-12　不同浓度水浸液处理种子的萌发率和幼苗形态指标统计

序号	项目	浓度/(g/mL)	重复	萌发率/%	幼苗根长/mm	下胚轴长/mm
1	对照	0	1			
2			2			
3			3			
4	浸提液	0.005	1			
5			2			
6			3			
7	浸提液	0.01	1			
8			2			
9			3			
10	浸提液	0.02	1			
11			2			
12			3			

（2）不同浓度水浸液处理蔬菜种子的化感效应测定，化感效应指数结果填入表 2-13，分析植物化感效应。

表 2-13　不同浓度水浸液处理蔬菜种子的化感效应指数

序号	项目	浓度/(g/mL)	重复	萌发率化感效应指数(RI_{GR})	根长化感效应指数(RI_{RL})	下胚轴化感效应指数(RI_{HL})
1	对照	0	1			
2			2			
3			3			
		平均值				
		标准差				
4	浸提液	0.005	1			
5			2			
6			3			
		平均值				
		标准差				
7	浸提液	0.01	1			
8			2			
9			3			
		平均值				
		标准差				

序号	项目	浓度 /(g/mL)	重复	萌发率化感效应指数(RI_{GR})	根长化感效应指数(RI_{RL})	下胚轴化感效应指数(RI_{HL})
10			1			
11	浸提液	0.02	2			
12			3			
		平均值				
		标准差				

七、 综合拓展

（1）建议 5～6 名学生成立拓展实验小组；实验小组应开展综合性、设计性实验的选题及方案讨论活动，确定的选题可作为实验副标题。

（2）实验选题不局限于入侵种，可以设计任意植物种类；待测植物样品可以按不同生境、物种、组织、器官分类采集，也可以设计植物控制性实验作为植物样品来源。

（3）为确保数据统计的有效性，萌发实验重复次数至少应在 3 次以上；不同处理实验数据要进行均值比较，并标注显著性检验结果。多重比较（multiple comparisons）是指方差分析后对各样本平均值间是否有显著差异的假设检验的统称。多重比较方法很多，如最小显著差数法（least-significant difference，LSD）、新复极差法（Duncan）、图基（Tukey）检验、谢费（Scheffé）检验、邓尼特（Dunnett）检验、q 检验等。建议用最小显著差数法或新复极差法，基于 t 检验完成各组间的配对比较。

（4）基于生测实验的数据处理量很大，用数据表格分析存在一些困难。例如不同缠绕密度五爪金龙 [*Ipomoea cairica*（L.）Sweet] 样品处理液的化感抑制率均为负值（见图 2-5），绘制柱状图可以较为直观地反映不同缠绕密度五爪金龙样品处理液的化感抑制作用。

（5）当萌发实验测定指标较多时，可以采用化感综合效应（synthesis effects，SE）等方式进行综合平均。例如，化感综合效应用萌发率、幼苗根长、下胚轴长的 RI 的平均值进行评价，即：

$$RI_{SE} = (RI_{GR} + RI_{RL} + RI_{HL})/3$$

式中　RI_{SE}——综合效应指数，RI_{SE} 是正值为促进效应，负值为抑制效应；

RI_{GR}——萌发率化感效应指数；

RI_{RL}——幼苗根长化感效应指数；

RI_{HL}——下胚轴长化感效应指数。

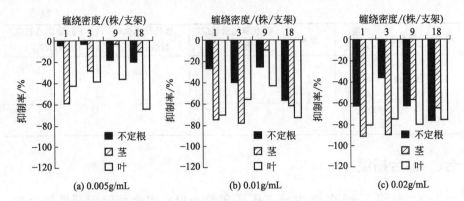

图 2-5　不同缠绕密度五爪金龙样品处理液的化感抑制率（引自 Zhao Zehai，et al，2008）

　　例如，五爪金龙茎尖、茎、腐解茎、成熟叶、落叶、腐解叶、不定根等部位的化感综合效应存在差异，不同部位的化感综合效应指数 95％置信区间如图 2-6 所示，可分析五爪金龙不同部位水浸液的化感抑制作用的综合效应的均值比较及其综合效应的变化范围。

　　（6）实验方案的设计和实验报告的撰写均要注意查阅文献数据库，引用必要的文献。

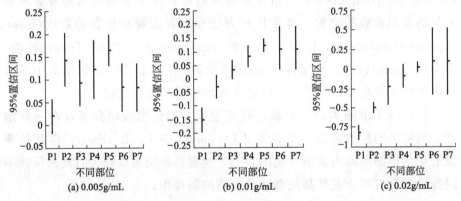

图 2-6　五爪金龙不同部位化感综合效应的 95％置信区间比较（引自赵则海等，2007）
P1—茎尖；P2—成熟叶；P3—茎；P4—落叶；P5—腐解叶；P6—腐解茎；P7—不定根

八、思考题

　　1. 植物的化感物质种类主要有哪些？试举例说明。

　　2. 植物种群的化感作用有何生态意义？对植物群落的种类组成有何影响？

　　3. 种子萌发率和根长计算的化感指数有何区别？

实验九　植物生物量的测定

一、 实验目的

（1）掌握测定草本植物群落生物量的方法。

（2）了解群落生物量的野外测定技术和实验室分析方法。

二、 实验原理

初级生产力（primary productivity）是指某一时间内单位面积生产者（主要是绿色植物）吸取外界物质和能量制造有机物质的能力，或者说是生产者在单位时间内生产的有机物质的总量。净生产量（net productivity）是总生产量扣除植物呼吸消耗后的剩余量，故称之为现存量。所谓现存量（standing crop）是指在一定时间内以植物组织或储藏物质为载体所蓄积的有机质的量。现存量可用单位面积或单位体积内生物个体数、质量或能量来表示。生物量（biomass）是指某一时刻单位面积内部分或全部生物有机体的物质总量，通常用某一时刻单位面积内的质量（g/m^2）或能量（J/m^2）来表示。通常来讲，广义生物量用于表征某种群或群落在某一特定时刻单位空间的个体数、质量或其所含能量；狭义的生物量仅指以鲜重或干重表示的生物量。

植物群落中多种群的植物量的测定工作量较大，尤其是地下器官的挖掘、分离、测定等工作操作难度较高。在满足要求的情况下，多对乔木、灌木和草本植物的地上部分生物量进行测定，此即收获量法。收获量法多用于草本植物生物量的测定，可以按植物种类、植物组织或器官等进行分类，直接收割植物的地上部分，以鲜重或干重分析其生物量配置。

三、 仪器与材料

1. 仪器

电子天平，烘干箱，剪刀，皮尺（50m），卷尺（2m）等。

2. 材料

薄膜塑料袋，纸袋，标签，（1×1）m^2 的样方框，调查表格等。

四、 实验步骤

1. 样地的建立

（1）选择有代表性的植物群落　植物群落类型一般由教师指定，多选择草本群落。

（2）在样地内设置 3～10 个样方，草本样方面积为 1m²。

2. 样地内不同样方植物种群的数量特征指标

（1）植物的种类　至少包括 2 个物种。

（2）植物的高度　求出各个物种的平均高度（cm）。

（3）植物的密度　计算出每个物种的种群密度（株/m²）。

（4）植物的盖度　估测每个物种的种盖度（%）。

3. 样方内植物的收割

样方内植物地上器官的收割：用剪刀将不同草本植物的地上器官（按营养器官、繁殖器官分类；也可分为主茎、分枝、叶、花、果实等）收割下来，写好标签，装入塑料袋内，尽快称鲜重。将称过后的植物样品按分类装入信封，准备烘干。

4. 样品的烘干

在 105℃温度下杀青，在 65～85℃温度下烘干至恒重，一般需要 8～10h。烘干后的植物样品分别称重，按营养器官、繁殖器官分类统计。

5. 生物量的测定

生物量采用下式计算：

$$B_i = \frac{n_i}{S}$$

式中　B_i——生物量，g/m²；

n_i——样方内第 i 物种的质量，g；

S——样方面积，m²。

五、 实施建议

1. 建议

（1）验证性实验建议做草本植物的地上生物量，按植物器官分类称重。

（2）由于植物样品烘干时间较长，实验可以分两个阶段完成。先进行生物量配置的第一阶段分析：称取鲜重，鲜重的单位为 g。烘干后的样品称重一般可顺延一周，完成生物量的第二阶段分析，干重的单位为 g。

（3）最后要对比植物样品鲜重和干重计算的生物量结果，分析植物生物量配置规律。

（4）生物量测定建议 2～4 人 1 组，有利于统计工作分工。

2. 注意事项

（1）室外实验要以小组为单位开展样地调查，注意遵守纪律和秩序，注意人身安全。

（2）室内测定结束后及时清理实验用具，实验器皿及时洗净并保持干燥，保持室内干净整洁。

六、 实验结果

（1）样地内植物种群的数量特征调查，植物种群的数量特征指标按样方编号列入表 2-14。

表 2-14　植物种群的数量特征指标（适用于草本植物群落）

样方编号	样方面积/m²	物种名称	株(丛)数/株或丛	密度/(株/m²)或(丛/m²)	盖度/%	高度/cm
1		1 2 …				
2		1 2 …				
…		…				

（2）植物种群的生物量测定，按植物器官分类，称重数据填入表 2-15，生物量结果填入表 2-16。

表 2-15　植物种群的质量测定结果（适用于草本植物群落）

样方编号	物种名称	茎		叶		花		果实	
		鲜重/g	干重/g	鲜重/g	干重/g	鲜重/g	干重/g	鲜重/g	干重/g
1	1 2 …								
2	1 2 …								
…	…								

表 2-16　植物种群各器官的生物量测定结果（适用于草本植物群落）

样方编号	物种名称	茎		叶		花		果实	
		生物量/(g/m²)	生物量/(g/m²)	生物量/(g/m²)	生物量/(g/m²)	生物量/(g/m²)	生物量/(g/m²)	生物量/(g/m²)	生物量/(g/m²)
1	1 2 …								
2	1 2 …								
…									

七、 综合拓展

（1）建议 5～6 名学生成立拓展实验小组；实验小组应开展综合性、设计性实验的选题及方案讨论活动，确定的选题可作为实验副标题。

（2）在典型样地内，可以在乔木、灌木、草本植物种群中筛选 2 种以上植物。其中乔木、灌木样地适合在野外设置，一般在校园里开展木本植物生物量测定较为困难，主要是因为取样往往会破坏校园植被，因此鼓励学生设计草本植物群落的生物量测定实验方案。

（3）按植物组织、器官分类称重，测定地上生物量；草本植物也可挖出地下部分根系，洗净晾干测定地下生物量，结果填入表 2-17。

表 2-17　植物群落地下部分的生物量测定结果（适用于草本植物群落）

样方编号	物种名称	根				根茎			
		鲜重/g	生物量/(g/m²)	干重/g	生物量/(g/m²)	鲜重/g	生物量/(g/m²)	干重/g	生物量/(g/m²)
1	1 2 …								
2	1 2 …								
3	1 2 …								

注：部分草本植物存在根茎，要与根系区分开来。

（4）实验方案可增加测定根冠比的内容，即：根冠比（root mass/crown mass，R/C，根生物量/地上部分生物量）；根生物量比（root mass ratio，RMR，根重/植株总重）；茎生物量比（stem mass ratio，

SMR，茎重/植株总重）；叶生物量比（leaf mass ratio，LMR，叶重/植株总重）。需要分别计算各个样方不同物种的生物量，调查测量步骤同前（调查表格略），按物种统计生物量的平均数据计算根冠比等指标，测定结果填入表 2-18。

表 2-18　植物群落的根冠比等指标（适用于草本植物群落）

测定项目	物种名称					
	1		2		...	
	平均值	标准差	平均值	标准差	平均值	标准差
总生物量/（g/m²）						
根冠比/（g/g）						
根生物量比/（g/g）						
茎生物量比/（g/g）						
叶生物量比/（g/g）						
...						

（5）不同植物的生物量分配规律是不同的，可以测定样地内每一个植物种群的生物量，按营养器官和生殖器官分类，计算生物量分配比例，分析植物群落生物量特征。例如，少花龙葵种群在 150d 生长期内的生物量分配如图 2-7 所示，可以分析该种群生物量分配的时间动态。

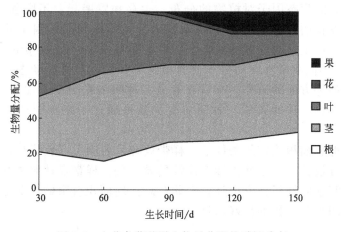

图 2-7　少花龙葵种群生物量分配的时间动态

（6）为减少调查时间、提高效率，实验小组可根据调查任务分工，可分别对各样方植物进行取样、测定，数据汇总后小组数据共享，共同讨论，然后独立完成实验报告的分析部分。

（7）实验方案的设计和实验报告的撰写均要注意查阅文献数据库，引用必要的文献。

八、 思考题

1. 测定地上生物量的结果有什么生态学意义？优缺点有哪些？
2. 地上收割法测定植物生物量的方法对于乔木是否适用？

实验十　植物种间关联分析

一、 实验目的

（1）掌握植物种间关联的测定方法。
（2）了解物种组合的特性与环境因子的关系。

二、 实验原理

在植物群落中，很多物种呈团状分布或块状分布，物种之间的分布交互混杂，同时又有明显的分布斑块。植物种群分布格局表明：一个或若干个相互制约的生态因子对植物的分布、生存和发展起着不同程度的作用。植物生长发育的各个阶段都不同程度地受到环境和遗传因子的制约和分配，因而会产生不同程度的聚集和关联。种间关联（interspecific association）是指不同物种在空间分布上的相互关联性，对种群动态、群落结构和群落演替等方面的研究具有重要意义。种间关联测度常常采用 2×2 联列表进行计算，种间关联和种间协变关系可通过半矩阵图或星状图表现出来。

在样地总面积确定的条件下，样带设计的各项关联性指标规律性比较明显，样方设计的关联性指标规律性稍差一些。样带设计对关联性和关联程度的检测效果好于样方设计，因此在总样地面积有限的情况下样带设计是进行种间关联分析的较好选择。

三、 仪器与材料

样方测绳（100m），皮尺（50m），卷尺，计算器，调查统计表等。

四、 实验步骤

1. 样地的选择
样地是指能够反映植物群落基本特征的一定地段。根据实际情况选择样地，下面给出取样选择，可任选其一。

（1）选择一个森林群落，样方面积为 20m×20m（或 10m×10m），在林内随机设置样方 30～50 个（为了在规定课时内完成实验，适当减少工作量，如调查 10～30 个样方）。

（2）选择一个草本植物群落样地，样方面积为 1m×1m。随机设置样方 30～100 个（为了在规定课时内完成实验，可以适当减少工作量，如调查 20～50 个样方）。

2. 确定调查物种

在样地内选择具有代表性的植物，调查物种数在 5 以上，记录物种数量、密度、物候期等信息。

3. 两个物种的关联性分析

（1）物种对调查　将选择的植物种类两两组成物种对（分别记为物种 i 和物种 j），分别在各个样方中调查物种出现与否，记录于表 2-19。

表 2-19　物种对在各个样方中出现情况调查

物种对	样方编号									
	1	2	3	4	5	6	7	8	…	N
物种 i										
物种 j										

注：物种在各个样方中出现为 1，未出现为 0。

（2）物种对列联表　物种对关系调查，假定测定 N 个样方，在每个样方内物种 i 和物种 j 出现的可能性有 4 种情况：a 表示两个物种均出现的样方数；b 表示仅仅 j 物种出现的样方数；c 表示仅仅 i 物种出现的样方数；d 表示两个物种均不出现的样方数。物种对关系的统计结果填入表 2-20。

表 2-20　物种对 2×2 列联表

物种 j	物种 i		
	有	无	和
有	a	b	$a+b$
无	c	d	$c+d$
和	$a+c$	$b+d$	N

每一组物种对关系均要通过物种对列联表统计物种 i 和物种 j 出现的可能性。

（3）关联检验计算　首先要检测物种 i 和物种 j 种间关系的显著性，

一般要进行物种关联 X^2 检验。根据物种对的 2×2 列联表，计算式如下：

$$X^2 = \frac{N(ad-bc)^2}{(a+b)(c+d)(a+c)(b+d)}$$

式中　X^2——检验统计量；

　　　a——两个物种均出现的样方数；

　　　b——仅仅 j 物种出现的样方数；

　　　c——仅仅 i 物种出现的样方数；

　　　d——两个物种均不出现的样方数；

　　　N——总样方数。

进行 X^2 检验时，由于自由度 $df=1$，查显著性水平为 0.05 时的 X^2 检验分位数为：$X^2_{0.05}=3.84$。

当 $X^2 > X^2_{0.05}$ 时，两个物种分布是相关的或不是独立的，存在关联；

当 $X^2 < X^2_{0.05}$ 时，两个物种分布是无关的或独立的，不存在任何关联。

关联程度以及正负关系采用关联强度指数表示。根据物种对的 2×2 列联表，计算式如下：

$$r_{ij} = \frac{ad-bc}{\sqrt{(a+b)(c+d)(a+c)(b+d)}}$$

式中　r_{ij}——第 i 物种与第 j 物种的相关强度；

　　　a——两个物种均出现的样方数；

　　　b——仅仅 j 物种出现的样方数；

　　　c——仅仅 i 物种出现的样方数；

　　　d——两个物种均不出现的样方数。

相关强度 r_{ij} 的取值范围为 $[-1,1]$。当 $bc=0$ 时，为最大正相关；当 $ad=0$ 时，为最大负相关。

（4）绘图　绘制物种关联分析的半矩阵图。

五、 实施建议

1. 建议

（1）植物种间关联分析可以根据样地情况选用样方法或样带法。

（2）为确保种间关联分析的规律性，建议调查物种数量在 5～12 种之间，物种数量过多工作量较大，物种数量过少规律性差，不利于结果分析。

2. 注意事项

室外实验要注意遵守纪律，注意人身安全。

六、 实验结果

（1）计算植物种群密度，记录信息填入表 2-21。

表 2-21　样方内调查植物种群的数量特征

样方面积：　　　　　　　　调查地点：　　　　　　　　调查时间：

样方编号	物种名称	数量/株	密度/（株/m²）	物候期	备注
1	1 2 …				
2	1 2 …				
…	…				

（2）调查样方中植物种群出现情况，调查结果填入表 2-22。

表 2-22　调查样方中植物种群出现情况调查结果

物种名称	样方编号									
	1	2	3	4	5	6	7	8	…	N
1 2 3 …										

注：物种在各个样方中出现为 1，未出现为 0。

（3）列出两两组成物种对的半矩阵。假定调查物种为 8 个，数据示例如表 2-23 所列。

表 2-23　调查样方中物种对的半矩阵

物种序号	物种序号						
	2	3	4	5	6	7	8
1	1-2	1-3	1-4	1-5	1-6	1-7	1-8
2		2-3	2-4	2-5	2-6	2-7	2-8
3			3-4	3-5	3-6	3-7	3-8
4				4-5	4-6	4-7	4-8
5					5-6	5-7	5-8
6						6-7	6-8
7							7-8

（4）根据物种对列联表，计算物种对相关强度 r_{ij}。假定调查物种为 8 个，数据示例如表 2-24 所列。

表 2-24　物种对相关强度 r_{ij} 的计算结果

物种序号	物种序号							
	1	2	3	4	5	6	7	8
1	1							
2	r_{21}	1						
3	r_{31}	r_{32}	1					
4	r_{41}	r_{42}	r_{43}	1				
5	r_{51}	r_{52}	r_{53}	r_{54}	1			
6	r_{61}	r_{62}	r_{63}	r_{64}	r_{65}	1		
7	r_{71}	r_{72}	r_{73}	r_{74}	r_{75}	r_{76}	1	
8	r_{81}	r_{82}	r_{83}	r_{84}	r_{85}	r_{86}	r_{87}	1

注：r_{ij} 为第 i 物种与第 j 物种的相关强度。

（5）根据物种对相关强度 r_{ij} 绘制物种对的种间关联分析半矩阵图。假定调查物种数为 8 个，参考图 2-8 绘制物种对的种间关联分析半矩阵图。物种对相关强度 r_{ij} 值的显著性需经过 X^2 检验，按图例填入相应的网纹。

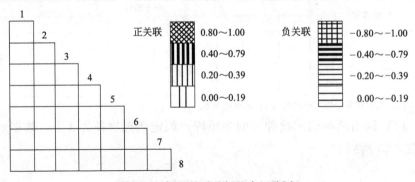

图 2-8　物种关联分析的半矩阵图

相关强度 r_{ij} 正值为正关联，负值为负关联

七、综合拓展

（1）建议 5～6 名学生成立拓展实验小组；实验小组应开展综合性、设计性实验的选题及方案讨论活动，确定的选题可作为实验副标题。

（2）实验设计可以按环境因子梯度选取样地。如按林下、林缘、空地三种生境类型随机设置样方，利用照度计测定光照强度等环境参数，调查植物种类可适当增加，按环境因子（光照）梯度分析种间关联指数变化规律。在样地面积固定条件下，可以采用样方设计和样带设计，对比样方数目与样方面积之间的关系，了解样方数目与面积的变化对种间关联的影响。

（3）为减少调查时间、提高实验效率，实验小组可根据调查任务分工，可分别调查各生境的密度、频度等指标，数据汇总后小组数据共享，共同讨论，然后独立完成实验报告的分析部分。

（4）测度方法

1）成对物种的种间关联性检验

根据 2×2 列联表计算 X^2 统计量，测定物种对之间的种间关联显著性。

X^2 统计量的自由度为：

$$df = (r-1)(s-1)$$

式中　r——列联表的行数；

　　　s——列联表的列数。

当 $df=1$，样方数量较少，理论值小于 5 时，需要对 X^2 统计量计算式进行校正：

$$X^2 = \frac{N\left(|ad-bc|-\frac{1}{2}N\right)^2}{(a+b)(c+d)(a+c)(b+d)}$$

式中　X^2——检验统计量；

　　　N——样方总数，$N=a+b+c+d$；

　　　a——两个物种均出现的样方数；

　　　b——仅仅 j 物种出现的样方数；

　　　c——仅仅 i 物种出现的样方数；

　　　d——两个物种均不出现的样方数。

计算结果填入表 2-25，查 X^2 分布的分位数表，比较 X^2 与 $X^2_{df,0.05}$ 或 $X^2_{df,0.01}$。

当 $ad > bc$ 时，物种 i 与物种 j 之间存在正关联；当 $ad < bc$ 时，物种 i 与物种 j 之间存在负关联。

当 $X^2 \leqslant X^2_{df,0.05}$ 时，物种 i 与物种 j 之间不存在任何关联。

当 $X^2 > X^2_{df,0.05}$（$p < 0.05$）时，种间关联显著；当 $X^2 > X^2_{df,0.01}$（$p < 0.01$）时，种间关联极显著。

表 2-25　物种对的 X^2 检验结果

物种序号	物种序号							
	1	2	3	4	5	6	7	8
1	1							
2	X^2_{21}	1						
3	X^2_{31}	X^2_{32}	1					
4	X^2_{41}	X^2_{42}	X^2_{43}	1				
5	X^2_{51}	X^2_{52}	X^2_{53}	X^2_{54}	1			
6	X^2_{61}	X^2_{62}	X^2_{63}	X^2_{64}	X^2_{65}	1		
7	X^2_{71}	X^2_{72}	X^2_{73}	X^2_{74}	X^2_{75}	X^2_{76}	1	
8	X^2_{81}	X^2_{82}	X^2_{83}	X^2_{84}	X^2_{85}	X^2_{86}	X^2_{87}	1

注：1. X^2_{ij} 为第 i 物种与第 j 物种的 X^2 值；

2. 0.05 水平的显著性在 X^2 值右上角标注 "*"，0.01 水平的显著性在 X^2 值右上角标注 "**"。

2）种间关联度测定

种间关联指数除相关强度（r_{ij}）外，还有 Ochiai 指数、Dice 指数、Jaccard 指数等。

① Ochiai 指数（OI）计算式：

$$OI = \frac{a}{\sqrt{a+b}\,\sqrt{a+c}}$$

式中　OI——Ochiai 指数；

a——两个物种均出现的样方数；

b——仅仅 j 物种出现的样方数；

c——仅仅 i 物种出现的样方数。

OI 为 0 时，表示无关联；OI 为 1 时，关联度最大。Ochiai 指数不能区分关联正负性。

② Dice 指数（DI）计算式：

$$DI = \frac{2a}{2a+b+c}$$

式中　DI——Dice 指数；

a——两个物种均出现的样方数；

b——仅仅 j 物种出现的样方数；

c——仅仅 i 物种出现的样方数。

③ Jaccard 指数（JI）计算式：

$$JI = \frac{a}{a+b+c}$$

式中　JI——Jaccard 指数；

a——两个物种均出现的样方数；

b——仅仅 j 物种出现的样方数；

c——仅仅 i 物种出现的样方数。

（5）关联强度指数（r_{ij}）、Ochiai 指数（OI）、Dice 指数（DI）、Jaccard 指数（JI）均是根据 2×2 列联表计算的，拓展实验设计可根据需要选用。

（6）根据某植物群落物种对的关联强度指数矩阵和 X^2 检验矩阵，绘制星状关系图表示不同物种之间的相关联性。以东灵山辽东栎林为例，总面积为 1200m² 样方内 20 个物种的种间关联指数半矩阵图如图 2-9 所示，Ochiai 指数（OI）在 0～1 之间，由物种对 2×2 列联表计算 $ad-bc$ 区分关联的正负性。

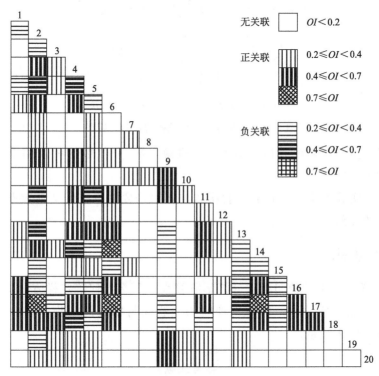

图 2-9　东灵山辽东栎林木本植物种间关联 Ochiai 指数半矩阵图（引自赵则海等，2003）

1—大果榆（*Ulmus macrocarpa*）；2—大叶白蜡（*Fraxinus rhynchophylla*）；

3—蒙椴（*Tilia mongolica*）；4—五角枫（*Acer mono*）；5—棘皮桦（*Betula dahurica*）；

6—辽东栎（*Quercus liaotungensis*）；7—山杨（*Populus davidiana*）；

8—山桃（*Prunus davidiana*）；9—山杏（*Prunus armeniaca* var. ansu）；

10—毛樱桃（*Prunus tomentosa*）；11—虎榛子（*Ostryopsis davidiana*）；

12—三裂绣线菊（*Spiraea trilobata*）；13—太平花（*Philadelphus pekinensis*）；

14—柔毛绣线菊（*Spiraea pubescens*）；15—小花溲疏（*Deutzia parviflora*）；

16—鼠李（*Rhamnus davurica*）；17—红丁香（*Syringa villosa*）；

18—二色胡枝子（*Lespedeza bicolor*）；19—六道木（*Abelia biflora*）；

20—毛榛（*Corylus mand shurica*）

物种对的关联性可以用星状图表示，也可以研究单一重要物种与其他物种的关系。例如研究物种辽东栎与其他植物的种间关联性，其星状图见图 2-10，辽东栎与柔毛绣线菊和红丁香具有较强的正关联性，与棘皮桦和小花溲疏存在负关联性。

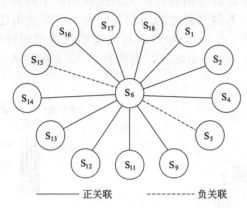

图 2-10　辽东栎与其他植物的种间关联性

（7）实验结果统计检验需要 X^2 检验，X^2 分位数值请查阅附录，或参考相关资料。

（8）实验方案的设计和实验报告的撰写均要注意查阅文献数据库，引用必要的文献。

八、　思考题

1. 样方大小对种间关联分析影响较大，那么如何确定样方的大小？

2. 分析测定结果，思考物种间的关联性与物种的生物学特性和生态学特性有什么关系。

参考文献

[1] 杨持. 生态学 [M]. 3 版. 北京：高等教育出版社，2014.

[2] 娄安如，牛翠娟. 基础生态学实验指导 [M]. 北京：高等教育出版社，2005.

[3] 王英典，刘宁. 植物生物学实验指导 [M]. 北京：高等教育出版社，2001.

[4] 宋永昌. 植被生态学 [M]. 上海：华东师范大学出版社，2001.

[5] 杨持. 生态学实验与实习 [M]. 北京：高等教育出版社，2003.

[6] 王义弘，李俊清，王政权. 森林生态学实验实习方法 [M]. 哈尔滨：东北林业大学出版社，1990.

[7] 李明辉，何风华，刘云，等. 林分空间分布格局的研究方法 [J]. 生态科学，2003，22（1）：77-81.

[8] 惠刚盈，李丽，赵中华，等．林木空间分布格局分析方法 [J]．生态学报，2007，27（11）：4717-4728.

[9] 彭少麟．南亚热带森林群落动态学 [M]．北京：科学出版社，1996.

[10] 张金屯．植物种群空间分布的点格局分析 [J]．植物生态学报，1998，22（4）：344-349.

[11] 张文辉．裂叶沙参种群生态学研究 [M]．哈尔滨：东北林业大学出版社，1998.

[12] 尚玉昌．普通生态学 [M]．北京：北京大学出版社，2010.

[13] 吴锦容，彭少麟．化感：外来入侵植物的"Novel Weapon" [J]．生态学报，2005，25（11）：3093-3097.

[14] 赵则海，廖周瑜，彭少麟．五爪金龙化感效应研究：I. 攀援与匍匐生长化感潜力的比较 [J]．中山大学学报（自然科学版），2008，47（2）：103-107.

[15] Williamson G B, Richardson D. Bioassays for Allelopathy：Measuring Treatment Responses with Independent Controls [J]．Journal of Chemical Ecology，1988，14（1）：181-187.

[16] 沈慧敏，郭鸿儒，黄高宝．不同植物对小麦、黄瓜和萝卜幼苗化感作用潜力的初步评价 [J]．应用生态学报，2005，16（4）：740-743.

[17] 李绍文．生态生物化学 [M]．北京：北京大学出版社，2001.

[18] 杜荣骞．生物统计学 [M]．北京：高等教育出版社，1999.

[19] Zhao Z H，Peng S L. Effects of Twist Densities on Allelopathic Potential of *Ipomoea cairica* [J]．Allelopathy Journal，2008，22（2）：463-472.

[20] 赵则海，廖周瑜，彭少麟．五爪金龙不同部位化感作用可塑性变化 [J]．生态环境，2007，16（4）：1244-1248.

[21] 杨宝林．农业生态与环境保护 [M]．北京：中国轻工业出版社，2015.

[22] 王艳芬，汪诗平．不同放牧率对内蒙古典型草原牧草地上现存量和净初级生产力及品质的影响 [J]．草业学报，1999，8（1）：15-20.

[23] 付必谦，张峰，高瑞如，等．生态学实验原理与方法 [M]．北京：科学出版社，2006.

[24] 赵则海，祖元刚，杨逢建，等．东灵山辽东栎林木本植物种间关联取样技术的研究 [J]．植物生态学报，2003，27（3）：396-403.

[25] 王伯荪，彭少麟．南亚热带常绿阔叶林种间关联测定技术研究：I. 种间关联测式的探讨与修正 [J]．植物生态与地植物学丛刊，1985，9（4）：274-285.

[26] 张金屯．数量生态学 [M]．北京：科学出版社，2004.

第三章
群落生态学

实验十一　植物群落种-面积曲线的绘制

一、实验目的

（1）掌握群落取样面积的调查与确定方法。

（2）认识植物群落种类组成与群落结构的关系。

二、实验原理

植物群落种类组成是指一个群落内乔木、灌木、草本等植物种类的集合。最小取样面积（smallest representative area）就是在最小地段内，对一个特定群落类型能提供足够的环境空间（包括环境和生物的特性），或者能保证展现出该群落类型的种类组成和结构的真实特征所需要的面积，是群落生态学领域研究的重要内容之一。获取最小取样面积的目的是在尽可能少的人力、物力条件下获得尽可能多的群落结构和功能特征。群落的最小取样面积在不同的群落类型、群落演替阶段以及群落地理环境中均有差异。群落的最小取样面积常用种-面积曲线方法，基于群落调查面积与群落种类组成之间的关系来确定大小。在群落调查实践中，在一定范围内，调查取样面积越大，所囊括的植物种类也越多，同时植物种类增加幅度越小。以取样面积为横坐标、种类数量为纵坐标绘图，得到的曲线就是该群落的种-面积曲线。植物种类数量随顺序样方取样面积的增大而增加，且初期曲线较陡，当取样面积超过某个值时种-面积曲线有变缓的趋势，存在群落种类数量的极限值。通常将该群落接近种类数量的最大值的样方面积称为最小面积。一般来说，乔木的最小面积较大，如热带雨林的最小面积多在 2000m² 以上，灌木群落次之，草本群落的最小面积较小。南方植物群落的最小取样面积大于北方，如北方草原的最小取样面积多在 1~4m² 之间。

　　为获得群落的最小取样面积，常用巢式小区几何系统法安排取样顺序。扩大样方面积的方式多种多样，其原则是取样便捷，易于操作和计算。通过设置取样样方顺序，建立样方面积与物种数量之间的数量关系。例如，在选定群落样地内建立坐标系，沿 45°对角线由小到大设置顺序样方（示例数据见表 3-1），在确定面积样方内调查植物种类，绘制群落的种-面积曲线（见图 3-1）。

表 3-1　顺序样方的边长及面积变化（示例）

项目	样方序号					
	1	2	3	4	5	…
边长/m	2.5	5	10	15	20	…
面积/m²	6.25	25	100	225	400	…

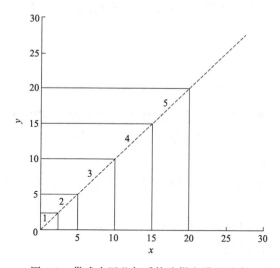

图 3-1　巢式小区几何系统法样方设置示意

三、 仪器与材料

　　计算器，测绳（100m），皮尺（50m），卷尺（2m），海拔表，坐标纸，样方表格，记录本等。

四、 实验步骤

1. 选择典型样地

确定植物群落中的优势种,描述该群落外貌特征,选择典型调查地段。基于巢式小区几何系统法设置顺序样方,并编号。

2. 确定物种

确定物种数量,调查每个样方内的物种名称、生活型。

3. 数据调查

按样方顺序调查样方面积及其对应的物种数。不断扩大样方的取样面积,确定出现的新物种名称、生活型,记录累积取样面积和累积物种数量。

4. 绘制种-面积曲线

以累积取样面积为 x 轴,以累积物种数量为 y 轴,绘制"种-面积曲线",观察取样面积增加的同时植物种数的变化。

5. 确定最小取样面积

根据植物群落种-面积曲线,确定最大累积物种数量对应的累积取样面积。在靠近最大累积物种数量转折点所对应的取样面积即为最小取样面积(或最小表现面积)。

五、 实施建议

1. 建议

(1)乔木群落中单株林木较为高大,起始取样面积可以较大,且增加面积尺度也要大一些;如调查草本群落,起始取样面积应小一些,增加面积尺度也要小一些。

(2)应当根据该群落的特征、分布状况选择在有代表性的地段取样调查。

(3)设置样方的最大累积取样面积不要超过该群落的边界,避免群落类型改变导致的测定误差。

2. 注意事项

室外实验要以小组为单位开展样地调查,注意遵守纪律和秩序,注意人身安全。

六、 实验结果

(1)按取样面积增加顺序,调查对应样方的物种数量,调查结果填入

表 3-2。

表 3-2 植物群落种-面积曲线调查结果

项目	样方序号									
	1	2	3	4	5	6	7	8	···	N
取样面积/m²										
物种数量/种										

（2）绘制种-面积曲线，并确定最小取样面积。

七、 综合拓展

（1）建议 5～6 名学生成立拓展实验小组；实验小组应开展综合性、设计性实验的选题及方案讨论活动，确定的选题可作为实验副标题。

（2）**最小取样面积的直观估计** 植物群落种-面积调查所得数据往往是离散数据，可以直接绘制折线图了解取样面积与物种数量的增长趋势，在渐近线处（或物种数增加拐点处）估计最小取样面积。例如，实验小组在同一草本植物样地按相同取样方法调查，取样面积和物种数量调查数据如表 3-3 所列，直接绘制折线图（见图 3-2），估计的最小取样面积为 25m²。最小取样面积的直观估计方法属于经验性估计，结果并不准确，但由于简便易操作，在实践中具有参考价值。

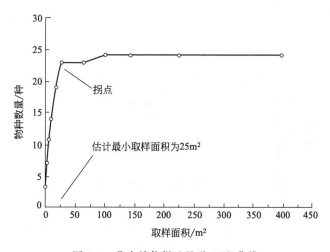

图 3-2 草本植物样地的种-面积曲线

表 3-3　草本植物样地的取样面积和物种数量（实验分组平行调查数据）

项目		样方序号										
		1	2	3	4	5	6	7	8	9	10	11
样方边长/m		0.5	1	2	3	4	5	8	10	12	15	20
取样面积 m²		0.25	1	4	9	16	25	64	100	144	225	400
物种数量/种	第 1 组	3	7	11	14	19	23	23	24	24	24	24
	第 2 组 …	5	9	13	14	15	18	20	21	22	22	22

（3）种-面积曲线的拟合

① 曲线拟合方法　以小组为单位，将累积取样面积（x）和累积物种数量（y）数据进行线性拟合，得到拟合方程，利用拟合方程求出当 x 趋于 ∞ 时，y 的极限值 $y_{\max}$。假定涵盖 95% 物种数量的取样面积为最小取样面积，可以根据拟合方程计算最大累积物种数量 $y_{\max}$ 的 95% 的值 y'，根据 y' 计算对应的 x' 为最小表现面积。

② 曲线拟合具体操作　对离散数据进行曲线拟合可以获得拟合方程，以描述 x-y 关系（即群落种-面积关系）。一些计算机软件提供了曲线拟合的功能（如 Matlab、OriginPro 等软件）。数据拟合曲线的方法多种多样，确定合适的拟合方程并不容易。尽管种-面积的拟合曲线很难完美地表达某样地的物种和面积关系，但可用于量化估计该样地的最小取样面积。

利用统计绘图软件对表 3-3 第 1 组调查数据进行曲线拟合，种-面积的拟合曲线如图 3-3 所示。

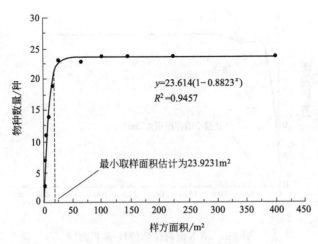

$$y = 23.614(1 - 0.8823^x)$$
$$R^2 = 0.9457$$

最小取样面积估计为 23.9231m²

图 3-3　草本植物群落种-面积的拟合曲线（第 1 组）

③ 最小取样面积估计　根据拟合方程求极限获得最大物种数量，实践中也可以采用近似的办法实现。假定调查样地的最大面积为10000m²，计算估计最大物种数量为23.614。按涵盖95％最大物种数量估计的物种数量为22.4333，然后根据拟合方程反推取样面积为23.9231m²。即在该样地中能够涵盖95％最大物种数量的最小取样面积为23.9231m²。同理可算出其他小组的最小取样面积，由于各组调查数据不同，估计的最小取样面积存在不同程度的差异（见表3-4）。

表 3-4　草本植物群落的最小取样面积

拟合数据	最大物种数量估计/种	含95％的物种数量/种	最小取样面积估计/m²	种-面积拟合方程
第1组	23.614	22.4333	23.9231	$y=23.614(1-0.8823^x)R^2=0.9457$
第2组	19.7775	18.7886	11.6643	$y=19.7775(1-0.7735^x)R^2=0.7354$
…				

（4）根据调查群落的物种特征和实践需要，可以灵活设置涵盖物种数量的百分率，从而计算出相应的最小取样面积。

（5）实验方案的设计和实验报告的撰写均要注意查阅文献数据库，引用必要的文献。

八、 思考题

1. 测定植物群落种-面积曲线的生态学意义是什么？

2. 乔木、灌木、草本群落测定植物群落种-面积曲线的方法有何不同？

实验十二　植物群落特征值的测定

一、 实验目的

（1）掌握植物群落特征值的测定方法。

（2）加深对植物群落的组成与结构的认识。

二、 实验原理

植物群落特征值（characteristic value）是植物群落特征的数量描述，

是植物群落学研究的重要内容。群落的数量特征主要包括物种丰富度、多度、密度、频度、盖度、优势度与重要值（important value）、存在度、恒有度、确限度、群落相似性系数以及关联系数等指标。植物在生长发育过程中，受光照、温度、水分、空气和土壤等多种环境因子的作用，这些生态因子影响植物种群的数量分布和空间分布。因此，植物群落特征值的测定对了解植物群落与环境条件之间的相互关系具有十分重要的意义。

三、 仪器与材料

测高仪，GPS，海拔仪，坡度仪，计算器，样方测绳（100m），皮尺（50m），卷尺（2m），标本夹，调查统计表等。

四、 实验步骤

1. 确定样地

选择一个植物群落（或林型）作为实验对象。

（1）样地是指能够反映植物群落基本特征的一定地段。可根据实际情况在教师的指导下，由学生选择样地。参考选项如下（任选一种）：

① 选择乔木群落、灌木群落或草本群落；

② 选择不同的乔木林型，如阔叶林、针叶林、针阔混交林；

③ 选择相同森林类型的不同演替阶段；

④ 选择不同类型群落，如草地、森林；

⑤ 选择受或不受人为活动影响的群落，如天然林、人工林；

⑥ 选择群落交错区，如草地、林草结合带、森林；

⑦ 选择环境因子影响样地，如阴坡群落、阳坡群落。

（2）样地选择的要求 种类成分的分布要均匀，群落结构要层次分明，生境条件（尤其是地形和土壤）典型，样地调查范围要有明确标记。

2. 群落类型以及样方大小的选择

根据选定样地情况确定样方大小，样方数量3~10个。

（1）乔木群落样方面积为$(20 \times 20)m^2$。为调查方便，将样方划分为$(5 \times 5)m^2$的网格小样方。

（2）灌木群落样方面积为$(5 \times 5)m^2$。

（3）草本植物群落样方面积为$(1 \times 1)m^2$。

3. 群落内各项指标的调查

（1）群落内基本概况调查 一般至少调查3个样方。

① 运用 GPS 测定每个样方的经度和纬度。

② 用海拔仪测定海拔高度。

③ 用坡度仪测定样地山体的坡度、坡向。

④ 判断土壤类型、土层厚度、地形以及群落内人类活动情况。

（2）乔木层数据的调查

① 在每个 $(5 \times 5) m^2$ 的小样方内识别乔木物种的数目，目测样方的总郁闭度。

② 统计每个物种的个体数，测量胸径、株高，目测每个树种的郁闭度。如课时有限，每个样方内至少统计 2 个以上物种，且确保不同样方内 2 个物种名称相对应。

（3）灌草层数据的调查

① 在每个 $(5 \times 5) m^2$ 的小样方内识别灌木层中的物种数，测定灌木种类的盖度、平均高度以及多度。

② 测定草本层物种盖度、平均高度以及多度等。

4. 群落特征指数的计算

（1）多度（A）   多度是指群落内每种物种的个体数量。在样方内估计多度，采用 5 级制：多、较多、中等、较少、少。

（2）密度（D）   密度是指单位面积内物种的个体数。

$$密度 = \frac{样方内某一物种个体数}{样方面积}$$

相对密度反映群落内各种植物数目之间的比例关系，利于进行比较。

$$相对密度 = \frac{每个物种的密度}{所有物种的密度和} \times 100\%$$

（3）高度（H）   高度反映植物生长状况、生长势以及竞争和适应的能力。

实测或用测高仪测量，及时记录。

$$相对高度 = \frac{每个物种个体的高度}{所有物种个体的高度和} \times 100\%$$

（4）基面积（S）   基面积是植物基部的平均面积，一般对乔木、灌丛、草丛使用这种指标。乔木多采用胸面积来代替基面积。

$$相对优势度 = \frac{每个物种的所有个体的胸径断面积和}{所有物种的所有个体的胸径断面积和} \times 100\%$$

（5）盖度（C）   盖度是指植物的地上部分垂直投影的面积占地面的比率。它是一个重要的植物群落学指标。盖度可以用百分比表示，也可用等级单位表示。

单个物种的盖度为种盖度；一个群落的盖度为群落盖度；群落不同层的盖度为层盖度。种盖度在一定程度上可以反映物种的多度、频度、生活型等重要特征。

植物基部着生面积称为基盖度，草本植物的基盖度以离地 0.03m 处的草丛断面积计算；树种的基盖度以某一树种的胸高（离地 1.3m 左右）断面积与样地内全部断面积之比来计算。这种基盖度又称显著度（dominance），也叫优势度。

$$相对盖度 = \frac{每个物种的盖度}{所有物种的盖度和} \times 100\%$$

（6）频度（F）　频度是指某一物种出现的样方数占总样方数的百分率，是反映某种植物分布均匀程度的指标。

$$频度 = \frac{物种出现的样方数}{总样方数} \times 100\%$$

$$相对频度 = \frac{某一物种的频度}{全部物种的频度之和} \times 100\%$$

（7）重要值（IV）　优势度是确定物种在群落中生态重要性的指标，优势度大的物种就是群落中的优势种。确定植物优势度时，指标主要是物种的盖度、高度和密度。

森林群落中，Curtis 等提出了用重要值来表示每一个物种的相对重要性。

$$乔木的重要值 = \frac{相对密度 + 相对优势度 + 相对高度}{3}$$

$$灌木和草本的重要值 = \frac{相对高度 + 相对盖度}{2}$$

五、 实施建议

1. 建议

（1）样地物种调查范围较小时，可以简略调查群落概况，或者忽略。

（2）尽可能识别物种，并列出拉丁学名；如物种无法识别，可对未知物种进行编号并压制标本。

（3）建议群落内乔木、灌木、草本植物种类不要确定太多，在 3～8 种之间较为合适。

2. 注意事项

（1）室外实验携带仪器用品较多，注意保管。

（2）要注意遵守纪律，注意人身安全，以小组为单位开展样地调查。

六、 实验结果与分析

（1）调查群落样地的基本概况　记录信息填入表 3-5。

表 3-5　群落样地基本概况

样方编号		调查小组		调查日期	
群落类型			群落描述		
群落位置		经纬度		海拔/m	
坡位		坡度		坡向	
人为活动			土壤信息		
优势种：				乔木□　灌木□　草本□	

注：每个样方单独制表。

（2）群落内物种特征调查　乔木层调查结果填入表 3-6；灌草层调查结果填入表 3-7。

表 3-6　乔木层物种特征调查

样方编号	物种名称	数量/株	密度/(株/m²)	胸径/cm	优势度/%	高度/m	盖度/%	频度/%
1	1							
	2							
	3							
	…							
	求和							
2	1							
	2							
	3							
	…							
	求和							
3	1							
	2							
	3							
	…							
	求和							
…	1							
	2							
	3							
	…							
	求和							

表 3-7　灌草层物种特征调查

样方编号	物种名称	多度	数量/株或丛	密度/(株/m²)或(丛/m²)	高度/m	盖度/%
1	1					
	2					
	3					
	…					
	求和					
2	1					
	2					
	3					
	…					
	求和					
3	1					
	2					
	3					
	…					
	求和					
…	1					
	2					
	3					
	…					
	求和					

　　(3) 群落内物种特征值计算结果　乔木层计算结果填入表 3-8；灌草层计算结果填入表 3-9。

表 3-8　乔木层特征值的计算结果

样方编号	物种名称	相对密度/%	相对高度/%	相对优势度/%	相对频度/%	重要值
1	1					
	2					
	3					
	…					
2	1					
	2					
	3					
	…					
3	1					
	2					
	3					
	…					
…	…					

表 3-9 灌草层特征值计算结果

样方编号	物种名称	相对密度/%	相对高度/%	相对盖度/%	相对多度/%	重要值
1	1 2 3 …					
2	1 2 3 …					
3	1 2 3 …					
…	…					

七、 综合拓展

（1）建议 5～6 名学生成立拓展实验小组；实验小组应开展综合性、设计性实验的选题及方案讨论活动，确定的选题可作为实验副标题。

（2）按环境因子梯度选取样地，如按林下、林缘、空地三种生境类型设置样方，调查高度、胸径、截面积、冠幅等物种特征参数，调查植物种类可适当增加。

（3）乔木层样方物种特征调查要按植株序号进行调查，结果填入表 3-10。

表 3-10 乔木物种特征调查表

物种名称：　　　　；样方面积：　　　　；　密度：　　株/m^2；盖度：　　　%

植株序号	高度/m	胸径/cm	截面积/cm^2	冠幅/(m×m)
1 2 3 …				
平均值				
标准差				

注：每个物种单独制表。

（4）为减少调查时间、提高实验效率，实验小组可根据调查任务分工，可分别调查各生境的物种密度、频度等指标，数据汇总后小组数据共享，共同讨论，然后独立完成实验报告的分析部分。

（5）建议以重要值为纵坐标，以物种为横坐标绘制柱状图，结合图表对群落特征值进行分析。

（6）实验结果需结合本课程综合知识或土壤学、环境科学以及生物科学等相关知识进行分析。比较物种重要值随不同环境因子梯度变化规律，分析环境因子对不同植物重要值的影响。

（7）应用群落特征值的计算方法，在同一地区试根据表3-11的要求，计算阔叶林群落、针叶林群落和针阔混交林群落的物种重要值，将结果填入表3-11。根据群落特征值的测定结果，分析阔叶林、针叶林、针阔混交林群落特征。

表 3-11　乔木层物种特征调查

群落类型	物种	相对密度/%	相对高度/%	相对优势度/%	相对频度/%	重要值
阔叶林	1 2 …					
针叶林	1 2 …					
针阔混交林	1 2 …					
…	…					

（8）实验方案的设计和实验报告的撰写均要注意查阅文献数据库，引用必要的文献。

八、 思考题

1. 何谓群落结构？环境因子对群落结构有何影响？

2. 什么是群落交错区？试根据实验结果讨论环境因子对不同植物重要值的影响。

实验十三　物种多样性分析

一、 实验目的

（1）掌握植物物种多样性测度指标——α-多样性指数的测定方法。

（2）加深对物种多样性对植物群落重要意义的认识。

（3）了解各类物种多样性指数的特点、测度方法及其生态学意义。

二、 实验原理

物种多样性（species diversity）是指物种的多样化和变异性以及物种生境的生态复杂性。生物多样性包括植物、动物和微生物等所有物种多样性及其组成的群落和生态系统多样性。生物多样性可以分为遗传多样性、物种多样性和生态系统多样性3个层次。物种多样性是群落生物组成结构的重要指标，既可以反映群落组织化水平，又可以通过结构与功能的关系以及群落的多样性和均匀度反映群落功能的特征，因此物种多样性研究是群落生态学热门研究领域之一。

物种多样性具有两种含义：

① 指一个群落或生境中物种数目的多寡（数目或丰富度）；

② 指一个群落或生境中全部物种的个体数目的分配状况（均匀度）。

群落的复杂性可以用多样性指数来衡量。按照不同的空间尺度，物种多样性的测度指标主要分为α-多样性指数、β-多样性指数和γ-多样性指数三种类型，其中α-多样性指数应用较为广泛。α-多样性是指在栖息地或群落中的物种多样性。很多学者提出了多种物种多样性的测度、表示方法和测度指数。目前，大多数生态学家或生态学工作者广泛支持两种α-多样性指数来测定、分析生物群落中的物种多样性，即辛普森（Simpson）多样性指数、香农-维纳（Shannon-Wiener）指数。

三、 仪器与材料

仪器测绳（100m），皮尺（50m），卷尺（2m），测高仪，GPS，海拔仪，计算器，标本夹，调查统计表等。

四、 实验步骤

1. 确定样地

选择一个植物群落（或林型）作为实验对象。

（1）选择典型样地　随机确定乔木、灌木或草本样方3～6个。

（2）样方面积　乔木群落样方面积为$(20 \times 20) m^2$，为调查方便，将样方划分为$(5 \times 5) m^2$的网格小样方。灌木群落样方面积为$(5 \times 5) m^2$。草本植物群落样方面积为$(1 \times 1) m^2$。

2. 群落内各项指标的调查

（1）乔木层数据的调查

① 识别乔木物种的数目，目测样方的总盖度。

② 统计每个物种的个体数，测量胸径、株高，目测每个树种的盖度。

（2）灌草层数据的调查

① 在每个$(5×5)m^2$的小样方内识别灌木层中的物种数，测定灌木种类的盖度、平均高度以及多度。

② 测定草本层植物物种盖度、平均高度以及多度等。

3. 重要值（IV）的计算

$$乔木的重要值 = \frac{相对密度+相对优势度+相对高度}{3}$$

$$灌木和草本的重要值 = \frac{相对高度+相对盖度}{2}$$

其中：

$$相对密度 = \frac{每个物种的密度}{所有物种的密度和} × 100\%$$

$$相对高度 = \frac{每个物种个体的高度}{所有物种个体的高度和} × 100\%$$

$$相对优势度 = \frac{每个物种的所有个体的胸径断面积和}{所有物种的所有个体的胸径断面积和} × 100\%$$

$$相对盖度 = \frac{每个物种的盖度}{所有物种的盖度和} × 100\%$$

4. 多样性指数的计算

由于植物尤其是草本植物数目多，禾本科植物多为丛生，计数较为困难。因此采用每个物种的重要值来代替每个物种个体数指标，用来计算多样性指数。参照张金屯（2011）的方法计算多样性指数。

丰富度指数（Margalef 指数）：

$$M = \frac{S-1}{\ln A}$$

辛普森指数：

$$D = 1 - \sum_{i=1}^{s} P_i^2$$

香农-维纳指数：

$$H' = - \sum_{i=1}^{s} P_i \cdot \ln P_i$$

均匀度指数（Pielou 指数）：

$$J = \frac{H'}{\ln S}$$

式中 M——丰富度指数；

        D——辛普森指数；

        H'——香农-维纳指数；

        J——均匀度指数；

        S——物种数目；

        A——取样面积；

        P_i——物种 i 的重要值。

五、 实施建议

1. 建议

（1）样地物种调查确定植物种类时，尽可能识别物种，并列出拉丁学名；如物种无法识别，可对未知物种进行编号并压制标本，并不影响计算多样性指数。

（2）小范围调查，如校园植物多样性分析，群落样地基本概况可简化或省略。

2. 注意事项

（1）物种重要值的计算结果为百分数，需要将重要值归一化后才能用于计算多样性指数。即，将归一化的重要值记为 P_i，其取值范围为 0～1。

（2）要注意遵守纪律，注意人身安全，以小组为单位开展样地调查。

六、 实验结果

（1）计算不同样方植物群落物种重要值，计算结果填入表 3-12。

表 3-12　植物群落重要值计算

样方编号	物种名称	相对密度/%	平均高度/m	相对盖度/%	相对频度/%	重要值
1	1 2 3 …					

样方编号	物种名称	相对密度/%	平均高度/m	相对盖度/%	相对频度/%	重要值
2	1 2 3 ...					
3	1 2 3 ...					
...	...					

（2）植物群落物种多样性测度，多样性指数计算结果列入表 3-13。

表 3-13　植物群落物种多样性计算结果

样方编号	群落类型	样方面积/m²	物种数量/种	辛普森指数	香农-维纳指数
1					
2					
3					
...					

七、 综合拓展

（1）建议 5～6 名学生成立拓展实验小组；实验小组应开展综合性、设计性实验的选题及方案讨论活动，确定的选题可作为实验副标题。

（2）按环境因子梯度选取样地（如按林下、林缘、空地三种生境类型设置样方），或者按海拔梯度设置样方等。调查样方内物种相对密度（%）、平均高度（m）、相对盖度（%）、相对频度（%）、重要值等参数，计算植物群落物种辛普森指数、香农-维纳指数等多样性指数。并以多样性指数为纵坐标，以环境因子梯度为横坐标绘制柱状图，比较群落多样性随不同环境因子梯度的变化规律，分析环境因子对群落多样性的影响。

（3）为减少调查时间、提高实验效率，实验小组可根据调查任务分工，可分别调查各生境的群落多样性指数，数据汇总后小组数据共享，共同讨论，然后独立完成实验报告的分析部分。

（4）多样性指数主要分为 α-多样性指数、β-多样性指数和 γ-多样性指数三类。其中 α-多样性指数是反映群落内物种丰富度和均匀度的指标，应用范围最广。例如辽东栎林木本植物群落沿海拔梯度样方的 α-多样性指数变化如图 3-4 所示。β-多样性指数反映沿环境梯度变化物种替代的程度，包括二元属性数据测度和数量数据测度两种方法。γ-多样性指数在宏观尺度上测度物种多样性变化（如景观水平）。

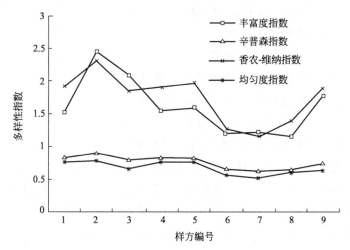

图 3-4 辽东栎林木本植物群落沿海拔梯度的 α-多样性指数变化（引自赵则海等，2002）

（5）β-多样性指数的测度

① 二元属性数据测度

Cody 指数：

$$\beta_{\mathrm{C}} = \frac{g(H) + l(H)}{2}$$

Wilson & Shmida 指数：

$$\beta_{\mathrm{T}} = \frac{g(H) + l(H)}{2ma}$$

式中　β_{C}——Cody 指数；

　　　β_{T}——Wilson & Shmida 指数；

　　　ma——为各样地（或各样方）的平均物种数；

　　　$g(H)$——沿生境梯度 H 增加的物种数；

　　　$l(H)$——沿生境梯度 H 失去的物种数。

② 数量数据测度

Morisita-Horn 指数

$$C_{\mathrm{mh}} = 2 \sum_{i=1}^{s} \frac{an_i \cdot bn_i}{(da + db)aN \cdot bN}$$

$$da = \sum_{i=1}^{s} \frac{an_i^2}{aN^2}$$

$$db = \sum_{i=1}^{s} \frac{bn_i^2}{bN^2}$$

式中　C_{mh}——Morisita-Horn 指数；

$\quad aN$——样地 A 的物种数；

$\quad bN$——样地 B 的物种数；

$\quad an_i$——样地 A 中第 i 物种的个体数目；

$\quad bn_i$——样地 B 中第 i 物种的个体数目；

$\quad s$——研究样地的物种总数；

da，db——样地 A 和样地 B 的过程参数。

　　通过设计植物群落环境梯度样地，计算 Wilson & Shmida 指数、Morisita-Horn 指数等 β-多样性指数，可很好地描述物种在样地内的物种替代速率。例如按海拔梯度设计的 10 个样方，黑桫椤（*Alsophila podophylla* Hook.）群落的 β-多样性指数如图 3-5 所示，沿海拔梯度的 β_T 的规律性比 C_{mh} 明显。一般来说，不同的 β-多样性指数对相同样地数据的测度结果存在差异，应根据样地的实际情况对 β-多样性指数进行筛选。

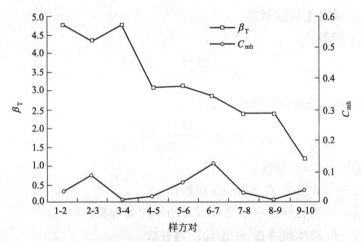

图 3-5　黑桫椤群落样地相邻样方 β-多样性指数的变化

　　（6）实验方案的设计和实验报告的撰写均要注意查阅文献数据库，引用必要的文献。

八、思考题

1. 物种多样性具有什么含义？

2. 不同生境物种多样性差异有何生态学意义？

3. 在落叶阔叶林群落中哪一个层次对群落物种多样性的贡献大？

实验十四　植物群落生态位分析

一、　实验目的

（1）掌握生态位宽度和生态位重叠指数的计算方法。

（2）了解植物群落结构和功能、群落内物种关系，认识生态位理论在生态学研究中的意义。

二、　实验原理

1910 年，Johnson 最早使用了生态位（ecological niche）一词。Hutchinson 从空间、资源利用等多方面考虑，提出了生态位的 n 维生态位（n-dimensional hypervolume）模式，提出了基础生态位（fundamental niche）和现实生态位（realized niche）两个概念。生态位是一个物种在群落中的功能位置或角色，是一个物种占据物理空间及其在生物群落中发挥的结构与功能作用。在生态系统中，生态位是物种在一定生态环境里的入侵、定居、繁衍、发展以至衰退、消亡等全部生态过程中所具有的功能地位。

生态位的特征主要体现在生态位宽度和生态位重叠两个方面。生态位宽度（niche breadth）是指某个植物种群在群落中能够利用的各种资源的总和。生态位重叠（niche overlap）是指两个物种利用同一资源或共同占有某一资源因素时出现的竞争现象。当两个物种的生态位宽度存在交集，利用或占有同一资源时就会产生竞争。生态位重叠分为完全重叠和部分重叠两种情况：完全重叠是指两个物种具有完全一样的生态位，这种情况往往意味着强烈的竞争；部分重叠是指两个物种的生态位发生部分重叠，是较为常见的生态位重叠现象。生态位是研究群落结构和功能、群落内物种关系、生物多样性的重要指标。生态位宽度反映物种的资源利用能力和对环境因子的适应性，生态位重叠反映物种之间的资源竞争程度和状态，二者都能反映植物种类空间分布的特征。

三、 仪器与材料

计算机，GPS，海拔计，皮尺（50m），卷尺（2m），标本夹，记录纸等。

四、 实验步骤

1. 样地设置
选择1个植物群落（或林型）作为实验样地。

2. 样方设置
在限定的样地内，根据选定样地情况确定样方大小，样方数量至少3个。

（1）乔木群落样方面积为$(20 \times 20) m^2$。为调查方便，将样方划分为$(5 \times 5) m^2$ 的网格小样方。

（2）灌木群落样方面积为$(5 \times 5) m^2$。

（3）草本植物群落样方面积为$(1 \times 1) m^2$。

3. 群落调查
调查样方中所有物种的种类、数量、盖度和多度等指标，记录乔木的高度、冠幅、胸径和枝下高，以及灌木和草本的丛（株）数、丛幅、高度和盖度。

4. 重要值计算
运用重要值方法计算物种多样性指数、丰富度指数、优势度指数和均匀度指数。

乔木的重要值计算公式为：

$$重要值 = \frac{相对密度 + 相对高度 + 相对优势度}{3}$$

灌木和草本的重要值计算公式为：

$$重要值 = \frac{相对盖度 + 相对高度}{2}$$

其中：

$$相对密度 = \frac{每个物种的密度}{所有物种的密度和} \times 100\%$$

$$相对高度 = \frac{每个物种个体的高度}{所有物种个体的高度和} \times 100\%$$

$$相对优势度 = \frac{每个物种的所有个体的胸径断面积之和}{所有物种的所有个体的胸径断面积之和} \times 100\%$$

$$相对盖度 = \frac{每个物种的盖度}{所有物种的盖度和} \times 100\%$$

5. 生态位宽度及生态位重叠指数计算

（1）生态位测度资源矩阵，包括 s 个物种在 r 个资源的梯度轴。计算第 i 个物种在第 k 个资源状态的重要值 n_{ik}，分别计算 r 个资源梯度中 s 个物种的重要值，填入重要值矩阵计算表（见表 3-14）。

表 3-14　群落物种生态位测度重要值矩阵计算表

物种	资源梯度级						
	1	2	⋯	k	⋯	r	合计
1	n_{11}	n_{12}	⋯	n_{1k}	⋯	n_{1r}	N_{1+}
2	n_{21}	n_{22}	⋯	n_{2k}	⋯	n_{2r}	N_{2+}
⋯	⋯	⋯	⋯	⋯	⋯	⋯	⋯
i	n_{i1}	n_{i2}	⋯	n_{ik}		n_{ir}	N_{i+}
⋯	⋯	⋯	⋯	⋯	⋯	⋯	⋯
s	n_{s1}	n_{s2}	⋯	n_{sk}	⋯	n_{sr}	N_{s+}
合计	N_{+1}	N_{+2}	⋯	N_{+k}	⋯	N_{+r}	N

注：n_{ik} 为第 i 个物种在第 k 个资源状态的重要值；s 为物种数目（$i=1,2,\cdots,s$）；r 为资源梯度数（$k=1,2,\cdots,r$）；N_{i+} 为物种 i 在第 k 个资源状态的所有重要值之和；N_{+k} 为第 k 个资源状态下的全部物种的重要值之和；N 为资源矩阵中的全部重要值总和。

（2）生态位宽度计算　生态位宽度采用 Levins（1968）的方法计算，计算式如下：

$$B_i = \frac{1}{\sum\limits_{k=1}^{r} P_{ik}^2}$$

式中　B_i——物种 i 的生态位宽度；

　　　P_{ik}——物种 i 在第 k 个资源等级下的重要值占该物种在所有资源等级上的重要值总和的比例；

　　　r——资源等级数（$k=1,2,\cdots,r$）。

$$P_{ik} = \frac{n_{ik}}{\sum n_{ik}}$$

式中　P_{ik}——物种 i 在第 k 个资源等级下的重要值占该物种在所有资源等级上的重要值总和的比例；

　　　n_{ik}——物种 i 在资源梯度等级 k 的数量特征值（如盖度、重要值、密度等）。

（3）生态位重叠指数计算

Levins 重叠指数：

$$OL_{ij} = \frac{\sum\limits_{k=1}^{r} P_{ik}P_{jk}}{\sum\limits_{k=1}^{r} (P_{ik})^2}$$

式中　OL_{ij}——物种 i 和 j 的生态位重叠指数（Levins 指数），取值在 0~1
　　　　　之间；

　　　　P_{ik}——物种 i 在第 k 个资源等级下的重要值 n_{ik}；

　　　　P_{jk}——物种 j 在第 k 个资源等级下的重要值 n_{jk}；

　　　　r——资源等级数（$k=1,2,\cdots,r$）。

Pianka 生态位重叠指数：

$$OP_{ij} = \frac{\sum\limits_{k=1}^{r} P_{ik}P_{jk}}{\sqrt{\left(\sum\limits_{k=1}^{r} P_{ik}^2\right)\left(\sum\limits_{k=1}^{r} P_{jk}^2\right)}}$$

式中　OP_{ij}——物种 i 和 j 的生态位重叠指数（Pianka 指数），取值在 0~1
　　　　　之间；

　　　　P_{ik}——物种 i 在第 k 个资源等级下的重要值 n_{ik}；

　　　　P_{jk}——物种 j 在第 k 个资源等级下的重要值 n_{jk}；

　　　　r——资源等级数（$k=1,2,\cdots,r$）。

或者，P_{ik} 和 P_{jk} 分别为物种 i 和 j 在第 k 个资源等级下的重要值占该
物种在所有资源等级上的重要值总和的比例，计算式如下：

$$P_{ik} = \frac{n_{ik}}{\sum n_{ik}}$$

$$P_{jk} = \frac{n_{jk}}{\sum n_{jk}}$$

式中　n_{ik}——物种 i 在资源梯度级 k 的数量特征值（如个体数、盖度、密
　　　　　度、重要值等）；

　　　　n_{jk}——物种 j 在资源梯度级 k 的数量特征值（如个体数、盖度、
　　　　　密度、重要值等）。

五、 实施建议

1. 建议

（1）样地可按环境因子梯度（如温度梯度、光照梯度、水分梯度等）设置；也可以按植物群落类型（如乔木群落、灌木群落或草本群落等）设置。样地要设在群落中心的典型部分，避免选在两个群落类型的过渡地带。

（2）物种在资源梯度级 k 的数量特征值可以选择个体数、盖度、密度、重要值等，建议使用重要值。

（3）植物群落资源等级 r 不要设置过多，避免工作量过大。

2. 注意事项

室外调查注意遵守纪律，注意人身安全。

六、 实验结果

（1）群落物种生态位宽度计算结果填入表 3-15，对物种生态位宽度进行排序。

表 3-15 群落物种生态位宽度计算结果

物种	P_{ik}						生态位宽度（B_i）	排序
	1	2	⋯	k	⋯	r		
1								
2								
⋯								
i								
⋯								
s								

注：1. s 为物种数目；P_{ik} 为物种 i 在第 k 个资源等级下的重要值占该物种在所有资源等级上的重要值总和的比例。

2. 由于群落中某个物种未出现导致生态位宽度缺失，用"—"表示。

（2）群落物种对的生态位重叠测度，生态位重叠指数半矩阵数据填入表 3-16。

表 3-16 群落物种之间生态位重叠指数计算结果

物种	1	2	⋯	j	⋯	s
1	O_{11}					
2	O_{21}	O_{22}				
⋯	⋯	⋯	⋯			
i	O_{i1}	O_{i2}	⋯	O_{ij}		
⋯	⋯	⋯	⋯	⋯	⋯	
s	O_{s1}	O_{s2}	⋯	O_{sj}	⋯	O_{ss}

注：s 为物种数目；O_{ij} 为物种 i 和 j 的生态位重叠指数（$i=1,2,\cdots,s$；$j=1,2,\cdots,s$）。

七、 综合拓展

（1）建议5~6名学生成立综合拓展实验小组；实验小组应开展综合性、设计性实验的选题及方案讨论活动，确定的选题可作为实验副标题。

（2）可以自行设计资源梯度，如土壤梯度、生境差异、海拔梯度、温度梯度等。如果用土壤样品测定结果作为资源等级，需要增加土壤样品测定。土壤取样深度0~20cm，取适量土壤样品分别装入铝盒和密封袋带回实验室待测。采用烘干称重法测定含水量，采用酸度计法测定pH值，采用浓硫酸-重铬酸钾氧化法测定有机质含量。

（3）生态位宽度和生态位重叠指数使用重要值测度效果较好，也可以使用种群密度、优势度等指标计算。例如，以北京东灵山不同海拔梯度辽东栎林样地的8个物种为例（见表3-17），计算生态位宽度和生态位重叠指数（见表3-18）。辽东栎的生态位宽度为6.335，棘皮桦的生态位宽度为3.615，辽东栎和棘皮桦的生态位重叠指数为0.577。

表3-17　辽东栎林8个物种在不同样方内的种群密度　　　　　　　　　　单位：株/m²

样方号	海拔/m	物种号							
		1	2	3	4	5	6	7	8
1	800	458	0	256	0	0	0	0	10
2	1010	522	0	153	17	6	39	4	8
3	1090	353	1	131	51	0	149	0	30
4	1200	187	35	235	0	408	0	0	0
5	1250	40	2	87	0	34	0	0	0
6	1270	272	19	7	0	0	41	0	26
7	1340	335	20	14	0	10	0	0	0
8	1370	161	49	125	0	9	18	1	284

注：物种号1—辽东栎（*Quercus liaotungensis*）；2—棘皮桦（*Betula dahurica*）；3—大叶白蜡（*Fraxinus rhynchophylla*）；4—山桃（*Prunus davidiana*）；5—五角枫（*Acer mono*）；6—大果榆（*Ulmusmacrocarpa*）；7—山杨（*Populus davidiana*）；8—山杏（*Prunus armeniaca* var. *ansu*）。

表3-18　辽东栎林8个物种的生态位宽度和生态位重叠指数

物种号	生态位宽度(B_i)（Levins指数）	生态位重叠OL_{ij}（Levins指数）						
		1	2	3	4	5	6	7
1	6.335	—	—	—	—	—	—	—
2	3.615	0.577	—	—	—	—	—	—
3	5.499	0.857	0.429	—	—	—	—	—
4	1.600	1.075	0.022	0.745	—	—	—	—

物种号	生态位宽度（B_i）（Levins 指数）	生态位重叠 OL_{ij}（Levins 指数）						
		1	2	3	4	5	6	7
5	1.299	0.499	0.921	1.180	0.005	—	—	—
6	2.371	0.958	0.210	0.619	0.787	0.004	—	—
7	1.471	1.224	0.281	0.804	0.320	0.018	0.334	—
8	1.555	0.548	1.157	0.661	0.109	0.020	0.294	0.260

注：1. 物种号与表 3-17 同；2. "—"为未测度项。

（4）为减少调查时间、提高实验效率，实验小组可根据调查任务分工，可分别调查各群落的特征值，数据汇总后小组数据共享，共同讨论，然后独立完成实验报告的分析部分。

（5）实验方案的设计和实验报告的撰写均要注意查阅文献数据库，引用必要的文献。

八、 思考题

生态位的特征主要体现在哪几个方面？各有什么特点？

实验十五　植物群落排序

一、 实验目的

（1）掌握主成分分析方法，绘制植物群落排序图。

（2）理解植物群落排序的意义，认识植物群落分布与环境之间的关系。

二、 实验原理

群落排序（community ordination）是把一个地区内所调查的植物群落样地按照相似度来排序，从而分析群落组成变化。群落排序有利于揭示植被-环境之间的生态关系，可以将样方或植物种类排列在一定的空间，使得排序轴能够反映一定的生态梯度。梯度分析是研究植物种和植物群落在环境梯度或群落线上的变化，包括一维、二维和多维排序。群落排序能够揭示自然界植物种群的组合规律及其与环境之间的关系，区分不同调查样地内植物群落的种类组成，因此对植物群落的排序结果在群落类型分类工作中具有重要的参考价值。

主成分分析（principal component analysis，PCA），也叫主分量分析，是一种通过正交变换方法，将一组存在相关性的变量转换为一组独立不相关变量的统计方法，转换后的这组变量叫主成分。一般情况下，用于植物群落分析的指标之间存在不同程度的相关性（如高度和体积、叶绿素含量和光合速率等），各个指标包含的信息存在部分重叠，在变量很多的情况下增大了分析的难度。主成分分析可以将这些存在不同程度的关系的变量（或指标）通过线性变换建立数量较少的新变量，在尽可能保持原有变量信息的基础上达到降维的目的。

三、 仪器与材料

1. 仪器

鼓风干燥机，酸度计，照度计、电子天平，土壤盒，土壤筛（0.5mm），烧杯，玻璃棒，温湿度计，计算机，GPS，皮尺（50m），卷尺（2m）等。

2. 材料

布袋（装土壤样品），封口袋，记录纸等。

四、 实验步骤

1. 样地设置与物种调查

选择草本植物群落作为实验对象。选取水分环境梯度设置一系列草本植物样地（$n \geqslant 5$），每个样地随机设置 3 个以上 $1m^2$ 的样方，调查并计算植物种类、个体数（丛数）、高度、多度、盖度、密度等指标。

2. 环境因子调查

（1）测量空气湿度、温度、光照等指标。

（2）土壤样品分析　考虑到小地形起伏，植物的分布和组合主要受土壤的水分、pH 值、有机质等因素的影响，每个群落样地从植物根系集中分布的土层（0～20cm）中，多点采集土壤样品，混合后带回实验室。采用烘干称重法测定土壤样品含水量，使用酸度计测定 pH 值，测定 3 个以上重复。

3. 重要值计算

运用重要值方法进行植物群落排序。重要值计算公式为：

$$重要值 = \frac{相对密度 + 相对盖度 + 相对高度}{3}$$

其中：

$$相对密度 = \frac{每个物种的密度}{所有物种的密度和} \times 100\%$$

$$相对高度 = \frac{每个物种个体的高度}{所有物种个体的高度和} \times 100\%$$

$$相对盖度 = \frac{每个物种的盖度}{所有物种的盖度和} \times 100\%$$

4. 主成分分析

（1）归一化数据　将环境因子数据和物种重要值数据进行归一化，建立归一化后的数据矩阵，处理后值在 0～1 之间。原始数据归一化的计算式如下：

$$Z_{ij} = \frac{x_{ij}}{X_{i\max}}$$

$$i = 1, 2, \cdots, n; j = 1, 2, \cdots, m$$

式中　Z_{ij}——第 i 指标第 j 个重复观测值（x_{ij}）的标准化值；

$\quad\quad x_{ij}$——第 i 指标第 j 个重复的观测值；

$\quad\quad X_{i\max}$——第 i 指标的最大值；

$\quad\quad n$——指标数；

$\quad\quad m$——重复数。

（2）计算相关系数矩阵。

（3）根据特征根和方差贡献率提取主成分，一般来说，只取前 2～3 个主要分量，根据贡献率分析负荷向量。

（4）计算 PCA 的主成分得分并排序。

五、 实施建议

1. 建议

（1）环境因子主要使用光照、温度等指标进行分析，土壤样品分析部分（如含水量和 pH 值）可根据实验条件选作。

（2）在 SPSS 等统计软件中均有 PCA 分析包，利用统计软件将归一化数据进行 PCA，计算各指标相关系数矩阵、特征向量和特征值、载荷矩阵等。

样地数量不太多时，主成分数量一般不超过两个，确定特征值大于 1

的主成分。

（3）主成分数量为两个时建议绘制二维的 PCA 排序图。某样地 6 个物种的二维的 PCA 排序如图 3-6 所示。

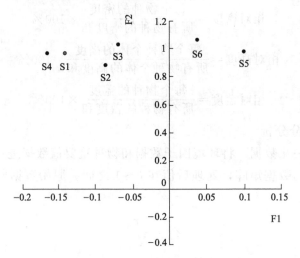

图 3-6　PCA 的二维排序示意

（4）PCA 分析的具体计算原理请参见相关参考书，也可以参见相关统计软件中涉及 PCA 分析的帮助说明等资料。

2. 注意事项

（1）保持实验室干净整洁，实验结束后实验用具、器皿等及时洗净、烘干，清理实验台。

（2）室外调查注意遵守纪律，注意人身安全。

六、　实验结果

（1）调查植物群落样地环境概况，环境指标测定结果填入表 3-19。

表 3-19　植物群落样地环境指标

样方编号	土壤含水量 /%	土壤 pH 值	空气湿度 /%	气温 /℃	光照强度 /lx
1					
2					
3					
...					

（2）计算植物群落物种的重要值，填入表 3-20。

表 3-20　植物群落组成种类的重要值

物种	样方编号				
重要值	1	2	3	4	···
1					
2					
3					
···					

（3）将物种重要值数据归一化处理，归一化数据填入表 3-21，计算相关系数矩阵（见表 3-22）。

表 3-21　物种重要值数据归一化结果

物种	样方编号						
重要值	1	2	3	4	5	6	···
1							
2							
3							
···							

表 3-22　相关系数矩阵

样方编号	样方编号						
	1	2	3	4	5	6	···
1							
2							
3							
···							

（4）主成分特征根和方差贡献率填入表 3-23，根据特征根和方差贡献率确定主成分。

表 3-23　主成分特征根和方差贡献率

样方编号	特征根 λ	方差贡献率/%	累积贡献率/%	确定主成分
1				
2				
3				
···				

注：确定为主成分的在最后一列相应位置标记"O"。

（5）计算 PCA 的主成分得分并排序，计算结果填入表 3-24。

表 3-24　PCA 的主成分及排序

物种编号	第 1 主成分	排序	第 2 主成分	排序	···	···
1						
2						
3						
···						

七、 综合拓展

（1）建议 5～6 名学生成立综合拓展实验小组；实验小组应开展综合性、设计性实验的选题及方案讨论活动，确定的选题可作为实验副标题。

（2）可以自行设计植物群落类型，如乔木群落、灌木群落，也可考虑环境梯度（如光照梯度）变化明显的群落，按不同群落设置样地，完成样方内群落特征值调查。

（3）由于分析的指标多，根据方差贡献率确定的主成分数量一般不要超过 3 个，超过 3 个就以表格方式表示。例如某样地 20 个物种的主成分分析提取了 3 个主成分，根据权重计算综合得分，借助绘图软件绘制三维图（见图 3-7）。

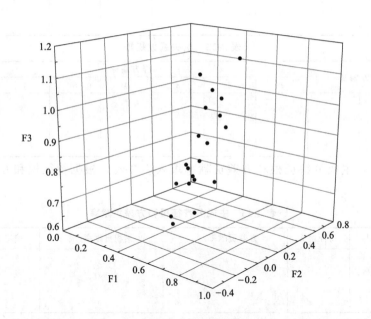

图 3-7　PCA 的 3 个主成分综合得分

（4）为减少调查时间、提高实验效率，实验小组可根据调查任务分工，可分别进行各样方内数据调查，数据汇总后小组数据共享，共同讨论，然后独立完成实验报告的分析部分。

（5）实验方案的设计和实验报告的撰写均要注意查阅文献数据库，引用必要的文献。

八、 思考题

1. 什么是群落排序？排序方法有哪些？各有什么特点？
2. 结合实验结果分析植物群落排序与环境之间的关系。

参考文献

[1] 杨持. 生态学 [M]. 第3版. 北京：高等教育出版社，2014.

[2] 刘旭，张翠丽，迟春明. 园林生态学实验与实践 [M]. 成都：西南交通大学出版社，2015.

[3] 内蒙古大学生物系. 植物生态学实验 [M]. 北京：高等教育出版社，1986.

[4] 付必谦，张峰，高瑞如，等. 生态学实验原理与方法 [M]. 北京：科学出版社，2006.

[5] 颜文洪，胡玉佳. 海南石梅湾青皮林最小取样面积与物种多样性研究 [J]. 生物多样性，2004，12 (2)：245-251.

[6] 王伯荪. 植物群落学 [M]. 北京：高等教育出版社，1987.

[7] 杨持. 生态学实验与实习 [M]. 第2版. 北京：高等教育出版社，2008.

[8] 王英典，刘宁. 植物生物学实验指导 [M]. 北京：高等教育出版社，2001.

[9] 张金屯. 数量生态学 [M]. 北京：科学出版社，2004.

[10] 骆世明，彭少麟. 农业生态系统分析 [M]. 广州：广东科技出版社. 1996.

[11] 刘灿然，马克平. 生物群落多样性的测度方法 [J]. 生态学报，1997，17 (6)：601-608.

[12] 马克平，刘灿然，刘玉明. 生物群落多样性的测度方法：Ⅱ β多样性的测度方法 [J]. 生物多样性，1995，3 (1)：38-43.

[13] 高贤明，马克平，黄建辉，等. 北京东灵山地区植物群落多样性的研究：Ⅺ. 山地草甸β多样性 [J]. 生态学报，1998，18 (1)：24-32.

[14] Cody M L. Towards a Theory of Continental Species Diversity：Bird Distributions over Mediterranean Habitat Gradients [C] //Cody M L，Diamond J M. Ecology and Evolution of Communities. Cambridge：Harvard University Press，1975：241-257.

[15] Wilson M V，Shmida A. Measuring Beta Diversity with Presence-Absence Data [J]. Journal of Ecology，1984，72：1055-1064.

[16] 赵则海，杨逢建，丛沛桐，等. 东灵山辽东栎林木本植物多样性的研究 [J]. 植物研究，2002，22 (4)：439-443.

[17] 张光明，谢寿昌. 生态位概念演变与展望 [J]. 生态学杂志，1997，16 (6)：46-51.

[18] 张金屯. 植被数量生态学方法 [M]. 北京：中国科学技术出版社，1995.

[19] 李显森，于振海，孙珊，等. 长江口及其毗邻海域鱼类群落优势种的生态位宽度与重叠 [J]. 应用生态学报，2013，24：2353-2359.

[20] 张金屯. 数量生态学 [M]. 北京：科学出版社，2004.

[21] Levins R. Evolution in Changing Environments：Some Theoretical Explorations [M]. Princeton：Princeton University Press，1968.

[22] Pianka E R. The Structure of Lizard Communities [J]. Annual Review of Ecology and Systematics，1973，4：53-74.

[23] 曹凑贵. 生态学概论 [M]. 北京：高等教育出版社，2002.

[24] 娄安如，牛翠娟. 基础生态学实验指导 [M] . 北京：高等教育出版社，2005.

[25] 郑慧莹，李建东，祝廷成. 松嫩平原南部植物群落的分类和排序 [J] . 植物生态学与地植物学学报，1986，10（3）：171-179.

[26] 李洪远. 生态学基础 [M] . 北京：化学工业出版社，2006.

第四章
生态系统

实验十六　生态系统中生态效率的测定

一、实验目的

（1）了解园林生态系统不同营养级之间的能量传递特点。

（2）掌握生态效率的测定方法。

二、实验原理

园林生态系统（landscape architecture ecosystem）是园林生态环境和园林生物群落之间通过能量转化和物质循环作用构成的具有一定营养结构和功能的相互联系、相互作用的统一体。生态效率（ecological efficiency）是指生态系统中能量从一个营养级流转到下一个营养级的效率，是食物链的各个营养级之间实际利用的能量占可利用能量的比率。生态效率反映生态系统中不同营养级的结构组成和能量利用特征，包括同化效率、生长效率、利用效率等。

林德曼效率（Lindemans efficiency）也叫"十分之一定律"，指 $n+1$ 营养级所获得的能量与 n 营养级获得的能量之比，相当于同化效率、生长效率与利用效率的乘积。即：

$$L_n = \frac{E_{n+1}}{E_n}$$

$$L_n = \frac{A_n}{I_n} \times \frac{NP_n}{A_n} \times \frac{I_{n+1}}{NP_n}$$

式中　L_n——林德曼效率;

$\quad\quad E_n$——第 n 营养级能量;

$\quad E_{n+1}$——第 $n+1$ 营养级能量;

$\quad\quad I_n$——第 n 营养级摄食量;

$\quad I_{n+1}$——第 $n+1$ 营养级摄食量;

$\quad\quad A_n$——第 n 营养级的植物固定的能量;

$\quad NP_n$——第 n 营养级的净生产量。

园林生态系统中各营养级能量的测定可采用生物量法（烘干称重法）和能值法（氧弹量热仪法）等。其中，利用氧弹量热仪测量各营养级样品热值的方法是目前生态系统中营养级能量分析的常用方法。植物的热值一般指单位干重的生物样品在恒容条件下完全燃烧所放出的热量，单位为 J/g。能量现存量是指生态系统某一时刻单位面积内全部或某类有机体或其组分中所含的能量，利用各营养级的能量现存量可推算营养级之间能量传递的生态效率。

三、 仪器与材料

1. 仪器

热值分析仪（或氧弹量热仪），电子天平（0.001g），粉碎机，鼓风干燥机，压片机，贝克曼温度计，喷壶等。

2. 材料与试剂

麻醉剂（或杀虫剂），苯甲酸，氢氧化钠，甲基红指示剂，皮尺（50m），记录纸等。

四、 实验步骤

1. 选择样地

选择典型草本样地，也可以细分植被类型，如草坪、湿地、荒地等。

2. 设置样方

（1）在草本样地中设置若干个样方，面积为 $(1\times1)m^2$。

（2）如果选择乔木或灌木样地，乔木群落样方面积为 $(20\times20)m^2$，灌木群落样方面积为 $(5\times5)m^2$。

3. 样方内营养级的调查与取样

（1）样方内草本植物采用收获法　将植物地上部分收割、烘干、称重，获得植物现存量。当取样工作量过大时，可在样方内划分小样方进行部分取样，根据部分取样的现存量估计整体现存量。草本植物为生产者，作为第 1 营养级。

（2）样方内动物采用捕获法　通过喷杀虫剂或麻醉剂收获样方内昆虫，按食草昆虫和食肉昆虫进行分类。个体较大的动物可直接捕捉，按食草类和食肉类分类。因工作量大，体型较细小的动物（如蚜虫等）不做调查。食草类和食肉类动物均为消费者，食草类动物为第 2 营养级，食肉类动物为第 3 营养级。

4. 生物量测定

（1）烘干样品　将植物和动物样品置于鼓风干燥箱中，在 $70\sim80℃$ 条件下烘干至恒重。

（2）称重　将植物（第 1 营养级）的质量记为 W_1，单位为 g；食草动物（第 2 营养级）的质量记为 W_2，单位为 g；食肉动物（第 3 营养级）的质量记为 W_3，单位为 g。

（3）计算生物量　基于样方面积计算生物量，计算式为：

$$B=\frac{W}{S}$$

式中　B——生物量，g/m^2；

　　　W——样品烘干后的质量，g；

　　　S——取样面积，m^2。

5. 热值测定

（1）将各营养级干燥样品粉碎、压片。样品量较多时使用粉碎机处理；样品量较少时使用研钵研磨。用压片机将样品粉末压制成片。

（2）按氧弹量热仪要求，称取某营养级压制成片的样品质量，记为 W，单位为 g；样品置于氧弹量热仪中测定热值 Q，单位为 J/g。重复三次。

（3）记录第 1 营养级的样品质量 W_1 和热值 Q_1，第 2 营养级的样品质量 W_2 和热值 Q_2，第 3 营养级的样品质量 W_3 和热值 Q_3。

6. 能量现存量的计算

（1）能量现存量可用各营养级能量和生物量的乘积表示，计算式如下：

$$E=BQ$$

式中　E——某营养级的能量现存量，J/m^2；

B——某营养级的生物量，g/m^2；

Q——某营养级的热值，J/g。

（2）记录第 1 营养级的生物量 B_1、热值 Q_1 和能量现存量 E_1；第 2 营养级的生物量 B_2、热值 Q_2 和能量现存量 E_2；第 3 营养级的生物量 B_3、热值 Q_3 和能量现存量 E_3。

7. 生态效率的计算

生态效率 L 由 $n+1$ 营养级的能量现存量和 n 营养级的能量现存量之比表示，计算式如下：

$$L = \frac{E_{n+1}}{E_n}$$

式中　L——由 n 到 $n+1$ 营养级的生态效率；

　　　E_n——第 n 营养级的能量现存量，J/m^2；

　　　E_{n+1}——第 $n+1$ 营养级的能量现存量，J/m^2。

五、实施建议

1. 建议

（1）样地类型选择草本为好，尽量选择生长条件相近的植被类型。

（2）建议 2～6 人一组开展实验，每个样地设置至少 3 个样方。

（3）样方内按植物、食草动物、食肉动物对营养级分类，即第 1 营养级、第 2 营养级、第 3 营养级。营养级数量可根据物种调查情况进行调整，一般营养级数量不超过 5 级，各营养级组分也可作出调整。

2. 注意事项

（1）由于热值分析仪型号不同，具体使用方法请参见相关仪器说明书。

（2）注意氧弹冷却介质状态，避免溢出导致短路或漏电。

（3）注意氧弹内的压力不要过高（详看说明书标准），防止安全耐压不够。

（4）实验结束后实验用具、器皿等及时洗净、烘干，清理实验台，保持实验室干净整洁。

六、实验结果

（1）列出各营养级生物量测定结果，按营养级分类填入表 4-1。

表 4-1　各营养级生物量测定结果

样方编号	样方面积 /m²	第 1 营养级		第 2 营养级		第 3 营养级	
		干重(W_1) /g	生物量(B_1) /(g/m²)	干重(W_2) /g	生物量(B_2) /(g/m²)	干重(W_3) /g	生物量(B_3) /(g/m²)
1							
2							
3							
...							

注：样方内第 1 营养级为植物；第 2 营养级为食草动物；第 3 营养级为食肉动物。

（2）测定各营养级的质量和热值，按营养级分类填入表 4-2。

表 4-2　各营养级热值测定结果

样方编号	样品号	第 1 营养级		第 2 营养级		第 3 营养级	
		质量(W_1) /g	热值(Q_1) /(J/g)	质量(W_2) /g	热值(Q_2) /(J/g)	质量(W_3) /g	热值(Q_3) /(J/g)
1	1						
	2						
	3						
	平均值						
2	1						
	2						
	3						
	平均值						
...	...						

（3）计算各营养级之间的能量现存量和生态效率。能量现存量结果填入表 4-3；生态效率结果填入表 4-4，比较不同样方各营养级生态效率。

表 4-3　各营养级的能量现存量

样方编号	第 1 营养级			第 2 营养级			第 3 营养级		
	B_1	Q_1	E_1	B_2	Q_2	E_2	B_3	Q_3	E_3
1									
2									
3									
...									

表 4-4　各营养级生态效率测定结果

样方编号	由第 1 到第 2 营养级的生态效率(L_1)	由第 2 到第 3 营养级的生态效率(L_2)
1		
2		
3		
...		

七、 综合拓展

（1）建议 5～6 名学生成立拓展实验小组；实验小组开展综合性、设计性实验的选题及方案讨论活动，确定的选题可作为实验副标题。

（2）样方设置可以按不同园林生境、园林植物类型分类。

（3）可不局限于某一草本类型，可以设计多种草本类型之间生态效率的比较，也可以设计任意植物群落种类（如灌木、乔木等）。

（4）绘出各营养级能量金字塔（参考图 4-1），比较各样方内不同营养级生态效率规律，分析能量传递的影响因素。

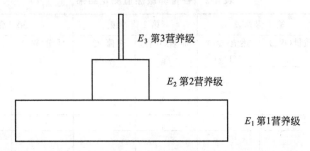

E_3 第3营养级

E_2 第2营养级

E_1 第1营养级

图 4-1　某样方内不同营养级的能量现存量（能量金字塔）

（5）实验方案的设计和实验报告的撰写均要注意查阅文献数据库，引用必要的文献。

八、 思考题

1. 生态效率有哪些类型？林德曼效率有何生态学意义？

2. 园林生态系统中生态效率测定主要受哪些因素的影响？

实验十七　园林植被生态效应检测

一、 实验目的

（1）掌握园林植被生态效应的调查方法。

（2）了解园林植被产生的生态效应对生态环境的影响。

二、 实验原理

在一定的时间内和相对稳定条件下，生态系统各部分的结构和功能处于相对的稳定状态，称为生态平衡（ecological equilibrium）。在园林生态系统中，生态系统保持平衡的途径主要靠系统内部的自我调节能力，如稳定生态系统机制、功能调节机制等。人为因素是影响园林生态系统稳定性和调节能力的主要因子，可对生态系统结构、功能以及物种多样性产生不同程度的扰动作用，植被对这种扰动产生的响应即为植被生态效应（ecological effect）。简而言之，园林植被的生态效应是指园林生态系统中的生物因子作用于自然环境因子引起的生态系统结构和功能的改变。人为活动对生态系统植被的干预具有双重性，当人为干预顺应植被恢复规律时，退化生态系统便发生进展演替，物种的多样性会发生改变，最终会形成稳定的植物群落结构，反映为植被生态效应改善；反之，将会破坏生态系统的稳定，植被生态效应恶化。生态效应研究已成为了解园林植被环境质量现状及其变化趋势的重要研究领域。

植被生态效应检测内容涉及很广，几乎涵盖园林生态系统的方方面面。从人居环境改善角度，人们主要选择土壤环境、水文环境、小气候环境、群落特征等几大类指标进行检测。不同园林植被类型由于其营造目的、建设规模、生长方式、管护水平的不同，导致其对土壤理化性质、小气候环境、群落特征的影响存在差异。随着园林植被生长年限的增加，其生态效应先增加而后趋于稳态。

三、 仪器与材料

1. 仪器

太阳能功率计（或照度计），空气颗粒物计数器，CO_2 测定仪，测高仪，手持气象测定仪，温湿度计，GPS 等。

2. 材料

调查表等。

四、 实验步骤

1. 样地选择及样方设置

（1）根据不同的园林绿化模式类型，不同园林树种，或不同乔、灌、草植物配置情况选择样地。以校园为例，可以选择乔木林、灌木丛、草坪、道路、运动场周围绿植等典型生境设置样地。每个样地设置样方 3 个以上。

（2）取样面积 乔木群落为$(20×20)m^2$，灌木群落为$(5×5)m^2$，草本为$(1×1)m^2$。

2. 样方物种多样性调查

（1）用 GPS 标记样方位置，调查样方内所有植物种类，乔木要记录数量、胸径、树高、冠幅、盖度等数据；灌木和草本要记录株数（丛数）、冠幅、高度、盖度等数据。

（2）计算样方内物种丰富度指数（Margalef 指数）、辛普森指数、香农-维纳指数等多样性指标。

丰富度指数：

$$M = \frac{S-1}{\ln A}$$

辛普森指数：

$$D = 1 - \sum_{i=1}^{s} P_i^2$$

香农-维纳指数：

$$H' = -\sum_{i=1}^{s} P_i \cdot \ln P_i$$

式中 M——丰富度指数；

D——辛普森指数；

H'——香农-维纳指数；

S——物种数目；

A——取样面积；

P_i——物种 i 的重要值。

3. 样地小气候测定

（1）样地小气候的环境指标测定以样方的中心点坐标为测定点。

（2）在每个样地设定至少一个无植被测定点，作对照。

（3）使用气象测定仪测定每个样方内地表温度、空气温度、空气湿度、风速等。

（4）使用太阳能功率计测定照度；使用空气颗粒物计数器测定悬浮颗粒物；使用 CO_2 测定仪测定 CO_2 浓度。

（5）所有指标的测定次数不少于 3 次，取平均值。

4. 植被生态效应分析

植被生态效应以植被和无植被对照的环境指标差值来表示。植被和无植被对照的环境指标差值的计算式如下：

环境指标差值＝样地指标平均值－无植被对照平均值

不同环境指标的差值越大，表明植被生态效应越明显。

五、实施建议

1. 建议

（1）样地内样方测定网点的布设可根据植被生长情况、园林植被功能区设定。

（2）测定样地小气候可根据样地类型做一些调整。草本样地做地面指标测定；乔灌木样方内测定要增加垂直高度测量数据，例如林内距地 10cm、50cm、100cm、200cm、350cm 等。

（3）测定样地内小气候指标时，要注意在每个测定样方附近设定一个无植被测定点作对照，通过对比实验分析植被生态效应。在一些植被分布丰富地区不易设定无植被测定点，这时可以在 1 个样地类型内多个样方共用 1 个无植被测定点。

（4）计算环境指标差值存在正负值，可通过绘图方式直观分析不同样地植被产生的生态效应。

2. 注意事项

（1）由于实验涉及的测定仪器较多，可根据本校实验条件和仪器配置情况对实验测定指标进行增减。

（2）实验结束后注意便携式实验仪器的管理与存放，做好使用记录。

六、实验结果

（1）计算不同样方植被的物种多样性，测定结果填入表 4-5。

表 4-5　不同样方植被物种多样性指数

样地类型	样方号	中心点坐标	盖度/%	丰富度指数(M)	辛普森指数(D)	香农-维纳指数(H′)
1	1					
	2					
	3					
	平均值	—				
2	1					
	2					
	3					
	平均值	—				
3	1					
	2					
	3					
	平均值	—				
...	...					

注："—"表示无需统计数据。

（2）测定不同样地类型植被小气候环境，记录数据填入表 4-6、表 4-7。

表 4-6　不同样地类型植被小气候环境指标测定结果

样地类型	样方号	温度/℃		湿度/%	光强 /(W/m²)	风速 /(m/s)
		地温	气温			
1	1					
	2					
	3					
	平均值					
	无植被对照					
2	1					
	2					
	3					
	平均值					
	无植被对照					
3	1					
	2					
	3					
	平均值					
	无植被对照					
…	…					

注："无植被对照"是指样地类型内无植被测定点的测定指标平均值。

表 4-7　不同样地类型植被小气候 CO_2 浓度、颗粒物测定结果

样地类型	样方号	CO_2 浓度/10⁻⁶	颗粒物测定/(粒/m³)						
			0.3	0.6	1.0	2.5	5.0	10	…
1	1								
	2								
	3								
	平均值								
	无植被对照								
2	1								
	2								
	3								
	平均值								
	无植被对照								
3	1								
	2								
	3								
	平均值								
	无植被对照								
…	…								

注：1. "无植被对照"是指样地类型内无植被测定点的测定指标平均值。

2. 数字 0.3、0.6、1.0、2.5、5.0、10 等为颗粒物直径，单位 nm。

（3）植被和无植被对照的小气候环境指标差值填入表 4-8，比较不同样地类型植被生态效应，分析影响生态效应的主要因素。

表 4-8　不同样地类型植被小气候环境指标差值

样地类型	温度/℃		湿度/%	光强/(W/m²)	风速/(m/s)	CO_2浓度/10^{-6}	颗粒物测定/(粒/m³)						
	地温	气温					0.3	0.6	1.0	2.5	5.0	10	…
1													
2													
3													
…													

注：数字 0.3、0.6、1.0、2.5、5.0、10 等为颗粒物直径，单位 nm。

七、　综合拓展

（1）建议 5～6 名学生成立拓展实验小组；实验小组应开展综合性、设计性实验的选题及方案讨论活动，确定的选题可作为实验副标题。

（2）实验选题不局限于校园内或城市内的园林植被，也可考虑旅游区或自然保护区植被类型进行实验样地设计。

（3）可根据实验条件，拓展测定环境因子指标（参考表 4-9）。如土壤水分、pH 值、有机质等土壤指标；如 O_2、SO_2、CO_2、氮氧化物（NO_x）、负氧离子等气体指标；如采用多功能空气微生物检测仪检测大气微生物等指标。

表 4-9　样地内植被环境指标测定

样地类型	样方号	土壤指标			气体指标			微生物	…
		水分	pH 值	有机质	O_2	SO_2	NO_x		
1	1								
	2								
	3								
	平均值								
	无植被对照								
2	1								
	2								
	3								
	平均值								
	无植被对照								
3	1								
	2								
	3								
	平均值								
	无植被对照								
…	…								

注："无植被对照"是指样地类型内无植被测定点的测定指标平均值。

（4）分析植被覆盖度、多样性和生态环境指标之间的变化情况，讨论植被生态效应与生态环境质量变化之间的关系。

（5）不同样地测定结果可绘图说明，进行综合分析。例如，为了解某区域园林植被的生态效应，设定采样样地为林地，样方面积为 $1000m^2$，设置若干测定点（见图 4-2），以无植被空地（或建筑物顶部）为无植被对照，测定采样点 CO_2 浓度（最好设置网格，可根据网格确定采样点位置；根据采样点设置情况确定网格大小）。将各采样点测定的 CO_2 浓度与无植被对照数据之差绘图（如图 4-3 所示），样地内测定点的数据颜色越深，植被降低 CO_2 浓度效果越显著。CO_2 测定的采样范围颜色总体偏向深色，表明园林植被降低 CO_2 浓度效果显著。另外，植被生态效应测定数据受

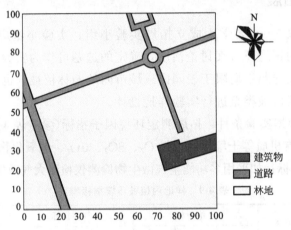

图 4-2 CO_2 测定的采样范围（单位：m）

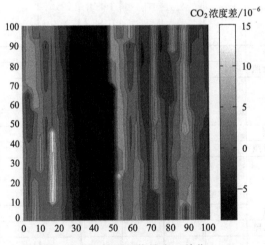

图 4-3 CO_2 浓度差值效应（单位：m）

环境条件影响较大,如风向、风速等,要具体问题具体分析。

(6)实验方案的设计和实验报告的撰写均要注意查阅文献数据库,引用必要的文献。

八、 思考题

1. 园林植被的小气候生态效应分析受哪些因素制约?
2. 植被生态效应与植被物种多样性关系如何?
3. 如何理解园林植被的生态效应的重要性?

实验十八　城市绿地生态系统服务评价

一、 实验目的

(1)掌握城市绿地生态系统服务价值的评价方法。
(2)了解城市绿地面积变化对城市绿地生态系统服务价值的影响。

二、 实验原理

城市绿地(urban green space)是指城市中被自然植被、人工植被覆盖的城市绿化区域。在《风景园林基本术语标准》(CJJ/T 91—2017)中对城市绿地这样描述:"城市中以植被为主要形态且具有一定功能和用途的一类用地。"城市绿地系统是由质与量的各类绿地相互联系、相互作用而形成的绿色有机整体,是指各类性质的绿地通过规划形成的兼有生态功能、游憩功能和防护功能的有机组织结构,包括不同类型、不同性质、不同规模的各类绿地,它们共同组合构建了一个稳定持久的城市绿色环境体系。

随着房地产业的快速发展,城市绿地面积日趋减少,人们逐步意识到绿地生态系统对城市生态系统结构和功能的意义。城市绿地生态系统拥有巨大的生态系统服务价值,在改善城市环境、净化大气、调节小气候、改善空气质量、促进人体健康、维持生态稳定等方面发挥着重要作用。基于数据指标的可获得性和可靠性,通过调查城市绿地数据资料,利用生态系统服务价值评估的原理及各种评估方法,对城市绿地生态系统的调节服务功能价值进行分析，可为城市绿地规划、城市生态建设等工作提供参考。

评价指标体系的构建是城市绿地生态服务价值评价的关键步骤，主要从水源涵养、固碳释氧、净化大气、调节小气候等服务效能进行评估。评价指标主要有水源涵养、固碳、释氧、吸收 SO_2、吸收 NO_x、滞尘、降低噪声、降低温度等。

三、 仪器与资料

1. 仪器
计算机等。

2. 资料
统计年鉴等统计数据，调查表等。

四、 实验步骤

1. 数据搜集
（1）数据主要源自相关城市（或区域）的统计年鉴，以及公开文献资料。

（2）评价指标涉及的数据可根据公开发表部分的文献资料获得，参考数据见表 4-10。

（3）统计公共绿地面积、城市园林绿地面积、城市绿化覆盖面积的年变化。

表 4-10 评价指标的参考数据及文献来源

指标	参考数据	文献来源
碳税率（$T_碳$）	150 美元/t（需换算为人民币）	段彦博,雷雅凯,吴宝军,等.郑州市绿地系统生态服务价值评价及动态研究[J].生态科学,2016,35(2):81-88.
氧气价格（$C_氧$）	700 元/t	张绪良,徐宗军,张朝晖,等.青岛市城市绿地生态系统的环境净化服务价值[J].生态学报,2011,31(9):2576-2584.
减弱噪声费用（$K_减噪$）	400000 元/km	胡小飞,傅春.南昌城市绿地系统生态调节服务功能价值动态分析[J].江西农业大学学报,2014,36(1):230-237.
城市绿地蒸腾吸热量（$Q_降温$）	$4.59 \times 10^8 J/(hm^2 \cdot d)$	张彪,高吉喜,谢高地,等.北京城市绿地的蒸腾降温功能及其经济价值评估[J].生态学报,2012,32(24):7698-7705

注：碳税率计算根据汇率换算成人民币。

2. 绿地率计算
（1）绿地率

$$GR = \frac{S_{\text{绿}}}{A} \times 100\%$$

式中　GR——绿地率，%；

　　　$S_{\text{绿}}$——绿化覆盖的面积，m^2；

　　　A——总用地面积，m^2。

（2）绿化覆盖率（green coverage）

$$GC = \frac{S_{\text{绿}}}{A} \times 100\%$$

式中　GC——绿化覆盖率（常简称为绿化率），%；

　　　$S_{\text{绿}}$——绿化垂直投影面积之和，m^2；

　　　A——总用地面积，m^2。

3. 确定评估指标

根据数据的可获得性和可靠性，以及研究区域特点，从城市绿地的固碳释氧、净化大气、减噪降温等调节功能进行评价。评价指标主要包括固定 CO_2、释放 O_2、降低噪声、降温等，可选择 2 个以上指标进行测定。

4. 评价指标计算

（1）固碳价值　采用碳税法计算城市绿地固碳价值：

$$X_{\text{碳}} = 1.63 S T_{\text{碳}} R_{\text{碳}} B_{\text{年}}$$

式中　$X_{\text{碳}}$——城市绿地固碳价值，元/年；

　　　S——城市绿地面积，hm^2；

　　　$T_{\text{碳}}$——碳税率，元/t；

　　　$R_{\text{碳}}$——CO_2 中碳的含量，%，根据二氧化碳中碳的质量分数计算约为 27.27%；

　　　$B_{\text{年}}$——单位面积绿地年净生产力，$kg/(hm^2 \cdot a)$。

（2）释氧价值　采用工业制氧影子价格法计算城市绿地释氧价值。

$$X_{\text{氧}} = 1.2 C_{\text{氧}} S B_{\text{年}}$$

式中　$X_{\text{氧}}$——城市绿地的释氧价值，元/年；

　　　$C_{\text{氧}}$——近年来平均工业制氧价格，元/t；

　　　S——城市绿地面积，hm^2；

　　　$B_{\text{年}}$——单位面积绿地年净生产力，$kg/(hm^2 \cdot a)$。

（3）降低噪声价值　采用城市绿地面积折算为城市隔声墙的方法计算，计算式如下：

$$X_{\text{减噪}} = K_{\text{减噪}} \times \frac{S}{40}$$

式中　$X_{减噪}$——城市绿地减弱噪声价值，元/年；

　　　$K_{减噪}$——减弱噪声费用，元/km；

　　　　S——城市绿地面积，hm^2；

　　　　40——参数（1km 长的城市隔声墙与 1km 长、40m 宽的城市绿化用地的隔声减噪作用相当）。

（4）降低温度价值

$$X_{降温} = 0.278 \times 10^{-6} Q_{降温} D_{降温} SP$$

式中　$X_{降温}$——城市绿地降低温度价值，元/年；

　　　$Q_{降温}$——城市绿地夏季每天的蒸腾吸热量，$J/(hm^2 \cdot d)$；

　　　$D_{降温}$——城市绿地每年夏季的降温天数或者采用每年当地使用空调降温的天数，d/a；

　　　　S——城市绿地面积，hm^2；

　　　　P——电价，元/$(kW \cdot h)$，可参考当地电价平均值。

五、实施建议

1. 建议

（1）城市（或区域）的研究区域较大，需要查阅相关部门的统计年鉴（如政府门户网站数据），以获取需要的数据，注意查阅中国知网公开文献资料数据，在实验报告中要注明数据来源（以脚注或参考文献方式均可）。

（2）评价指标计算涉及的一些参数可查阅公开发表资料数据，部分参数见表 4-10。当地的植被净生产力选取相近城市的数据作为参考。例如，根据宋国宝等的文献得知北京地区植被净生产力为 13.48t/$(hm^2 \cdot a)$。

（3）试分析城市绿地的生态系统服务价值的计算结果，建议按每个评价指标绘图，分别分析评价指标之间的关系。

2. 注意事项

室外实地调查注意遵守纪律，注意人身安全。

六、实验结果

（1）公共绿地面积、城市园林绿地面积、城市绿化覆盖面积年变化的统计数据填入表 4-11，比较不同年份城市绿地面积差异，分析城市绿地面积变化特点。

表 4-11　城市绿地面积年度动态变化

绿地面积分类	年份			平均值
公共绿地面积/hm²				
城市园林绿地面积/hm²				
城市绿化率/%				

（2）城市绿地生态系统的生态调节服务价值的计算结果填入表 4-12，分析生态调节服务价值的年变化。

表 4-12　城市绿地生态系统的生态调节服务价值计算结果

单位：万元/年

年份	固碳（$X_{碳}$）	释氧（$X_{氧}$）	降噪（$X_{减噪}$）	降温（$X_{降温}$）	总价值

七、　综合拓展

（1）建议 5～6 名学生成立拓展实验小组；实验小组应开展综合性、设计性实验的选题及方案讨论活动，确定的选题可作为实验副标题。

（2）在估算绿地系统不同类型生态服务价值评价指标的基础上，对不同类型生态服务价值数据进行标准化，测算综合指数，填入表 4-13，并根据综合指数的大小来定性反映生态服务功能的强弱，有利于克服绝对量计算产生的偏差。

表 4-13　城市绿地系统生态服务综合指数变化

项目	项目			平均值
GDP/亿元				
总价值/亿元				
评价指标综合指数				

（3）为减少调查时间、提高效率，实验小组可根据调查任务分工，可分别计算评价指标。在完成实验报告的过程中要注意查阅文献，获取一些必要的计算参数。数据汇总后小组内可以共享，共同讨论，然后独立完成实验报告的分析部分。

（4）实验方案的设计和实验报告的撰写均要注意引用文献，并要注明出处，说明数据来源。

八、 思考题

1. 城市绿地面积变化对城市绿地生态系统服务价值有何影响？

2. 城市绿地的生态系统服务评价需要注意哪些问题？如何筛选评价体系和指标？

实验十九　景观生态规划

一、 实验目的

（1）学会编制景观生态规划报告。

（2）理解规划编制的总体思想、生态原理、编制程序，了解景观生态规划的作用和意义。

二、 实验原理

景观（landscape）是一系列生态系统或不同土地利用方式的镶嵌体，在镶嵌体内部存在着一系列的生态过程，包括生物过程、非生物过程以及人文过程。生态规划（ecological planning）是依据生态学原理和方法，对一定区域范围内的人类自身活动和环境的时空安排，是揭示生物与社会相互作用、顺应生态系统规律的合理规划，是为确保环境与经济、社会协调发展，寻求资源与空间科学利用的途径。景观生态规划（landscape ecological planning）是以生态学原理为指导，以谋求区域生态系统功能的整体优化为目标，以各种模型、规划方法为手段，基于景观生态分析和综合评价方法提出优化区域景观空间结构和功能的方案、对策及建议的生态规划方法。我国学者傅伯杰认为："景观生态规划是通过分析景观特性以及对其判释、综合和评价，提出最优利用方案。其目的是使景观内部社会活动以及景观生态特征在时间和空间上协调化，达到对景观优化利用。"根据景观生态学的原理，景观生态规划要考虑各种经济活动对当地生态系统结构和功能以及景观格局过程的影响，景观工程实施过程中要贯彻可持续发展等景观生态规划思想。景观生态规划探索人与自然和谐发展，着力于解决生态系统和文化等领域各种各样的问题，因此景观生态规划广泛应用于城市规划。

景观生态规划面对的人居环境问题主要存在 3 个系统。

① 自然生态系统：完整而独特的自然过程、自然格局和自然界面。

② 人造（人文）景观系统：耦合在自然景观系统之上的人文活动及遗迹，历史的延续与文脉的继承。

③ 整体人文生态系统：在特定自然景观系统的基础上，经过人们的理解和认识，产生独特的利用方式，形成天人合一的完整有机的自然-人文复合系统。

景观生态规划包括结合自然的设计、结合地方性的设计以及和谐健康的设计等理念，是景观生态学的深度应用。景观生态学应用研究包括景观生态规划与设计、景观生态学与生物多样性、景观生态学与土地利用以及景观生态学与全球变化等领域。

景观生态规划的理论主要包括生态进化与生态演替、空间异质性与生物多样性、岛屿生态与空间镶嵌、尺度效应与自然等级、生物地球化学循环等。景观生态规划的目的在于调控人类自身的活动，减少污染，防止资源破坏，协调人与自然的关系。景观生态规划需要遵循整体优化原则、生态优先原则、景观多样性原则、地域化原则、综合性原则、可持续性原则、生态关系协调原则等。景观生态规划研究主要包括景观生态学基础研究（包括景观生态分类、格局与动态分析、功能分化等）、景观生态评价（包括经济社会评价与自然评价）、景观生态规划与设计以及景观管理等内容。

三、 仪器与材料

1. 仪器

计算机等。

2. 材料

调查表，规划区域的基础资料，生态系统调查资料，经济与社会发展规划，行政区规划图，地质地貌图，农业、林业区划图等。

四、 实验步骤

1. 确定规划范围与规划目的

了解并明确规划区域所属范围和规划目的，注意区分自然保护区规划、自然（景观）资源开发规划、不合理景观结构调整规划。

2. 明确规划指导思想

景观生态规划要遵循生态经济理论、可持续发展战略以及国家发展国民经济战略等规划指导思想。

3. 景观资料的搜集

包括生物（包括植物系统、动物系统）、非生物（包括地形地貌、气候、土层、水文等情况）、人文景观（如建设区、道路、土地覆盖、历史文化景观、经济生产活动等）资料等。

景观资料主要计量单位要尽可能规范，参考表4-14。

表 4-14　编制规划方案常用的计量单位

序号	名称	计量单位名称	计量单位符号
1	面积	平方米；公顷；平方千米	m^2；hm^2；km^2
2	数量	株；千克	—；kg
3	长度	米；千米	m；km
4	体积	立方米	m^3
5	产量	吨	t
6	单价	万元/公顷；元/吨；元/立方米	万元/hm^2；元/t；元/m^3
7	金额	万元（人民币）	—
8	时间	天；小时；分钟；秒	d；h；min；s
9	功率	瓦；千瓦；焦耳	W；kW；J

注："—"表示没有对应符号。

4. 区域数据调查

（1）将景观资料数据尽可能地落实在地图上，对各因素进行综合分析。对各主要因素及各种资源开发利用方式进行适宜性分析，讨论景观类型与相邻景观类型的关系，确定景观类型对某一用途的适宜性和限制性，划分景观类型的适宜性等级。

（2）绘制规划区域的资源单因子评价图。在这一过程中，常用的方法有地图叠置法、因子加权评分法、生态因子组合法等。

5. 拟定规划方案

方案的选择应该以规划研究的目标为基础，基于适宜性分析结果，针对不同的社会需求，选择与实施地适宜性结果矛盾最小的方案，作为实施地的最佳利用方式。

6. 景观规划制图

根据现有资料，使用不同的景观规划策略、手段和过程以实现被选择的方案。根据规划目的和分类对规划区域进行功能分区，绘制景观规划图，并进行规划区域功能分区的景观特征分析。

7. 编制景观生态规划报告

编制景观生态规划报告的工作程序大致可分为规划准备、调查研究、规划方案研究、编制规划报告、规划审查和批准实施等步骤。在规划方案研究与编制规划报告之间要有内审环节，内审通过才可正式编制规划报告。

8. 规划的管理与评价

规划评价内容要根据规划目的变化做一些必要的调整，因为随着时间的变化，原来规划时段的一些基本的社会、经济及环境参量将会发生变化。如果规划不做相应调整，将会影响规划方案的正确性。

五、 实施建议

（1）建议以校园及周边区域为例开展景观生态规划，生态系统调查资料可选择部分监测点进行实地调查，规划范围所需资料可参考所属行政区域相关政府部门资料。

（2）规划区域的基础资料、经济与社会发展规划等资料可以参考政府网站发布的资料或统计年鉴等。

（3）行政区规划图、地质地貌图、土地利用现状图、农业与林业区划图等资料需要与研究区域相关的当地管理部门联系获得。

六、 实验结果

（1）确定景观类型指标，景观类型的适宜性等级划分结果填入表 4-15，分析单因子资源指标。

表 4-15　规划区域景观类型的适宜性等级评价

景观类型	分级指标	评价等级	评价依据
景观 1	1 2 …		
景观 2	1 2 …		

（2）规划区域功能分区的景观类型和功能分区列入表 4-16，分析功能分区的景观特征。

表 4-16   规划区域功能分区的景观特征分析

景观类型	功能分区		
	分区 1	分区 2	...
1			
2			
...			

（3）撰写规划区域的景观生态规划报告。

七、 综合拓展

（1）建议 5～6 名学生成立拓展实验小组；实验小组应开展综合性、设计性实验的选题及方案讨论活动，确定的选题可作为实验副标题。

（2）实验选题不限于校园，可以根据教师建议选择研究区域。例如山区度假休闲项目的景观生态规划，可结合相关图件绘制项目范围底图（见图 4-4），了解项目范围内的植被、道路、水体等现状，对现有景观类型和相邻景观类型进行讨论。结合该区域亚热带季风气候、温差变化小、雨水充足等特点，确定景观类型，对度假休闲用途的适宜性和限制性进行分析。例如结合项目范围的自然条件和利用现状，进行道路规划适宜性分析

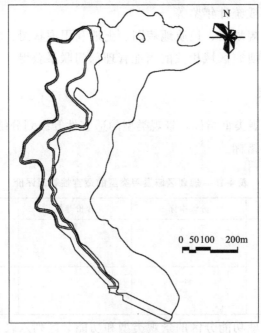

图 4-4   项目规划范围

（见图 4-5）。

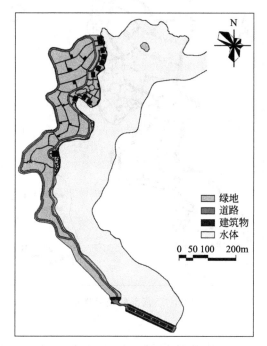

图 4-5　道路规划适宜性分析

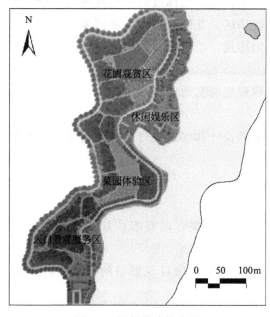

图 4-6　局部的功能分区

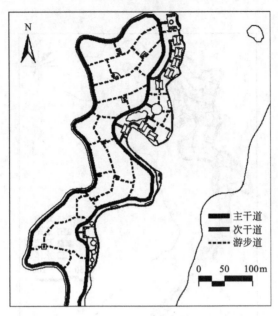

图 4-7　局部的交通规划

　　依据生态性原则、体验性原则、以人为本的设计原则，兼顾季节因素，对该度假休闲项目进行总体规划，划分为若干个功能分区，如入口景观服务区、休闲娱乐区、花圃观赏区、菜园体验区等（见图 4-6）。结合山区特色和度假休闲用途，绘制项目的局部专题图，如交通规划图等（见图 4-7）。

　　（3）基于景观规划的实地调查数据和图件，对景观生态规划报告进行可行性分析。

　　（4）实验方案的设计和实验报告的撰写均要注意查阅文献数据库，引用必要的文献。

八、　思考题

　　1. 编制景观生态规划报告需要哪些景观生态规划步骤？请绘制规划程序框图。

　　2. 根据研究区域特点和项目规划目的要求，对景观生态规划结果提出合理性建议。

实验二十　遥感技术在绿色植被信息提取中的应用

一、 实验目的

（1）了解遥感技术和地理信息系统。

（2）学习遥感资料的绿色植被信息提取方法。

二、 实验原理

遥感（remote sensing，RS）技术是利用人造卫星、飞机或其他飞行器的光学和电子光学仪器接受地面物体反射的电磁波信号，以图片或数据形式记录地物目标信息的技术。遥感数据经过信息处理、判读分析和实地验证，广泛应用于自然资源调查、地图测绘等领域。地理信息系统（geographic information system，GIS）是信息科学、空间科学、地球科学和计算机科学等的交叉学科，是一种在计算机软、硬件系统支持下用于采集、储存、管理、运算、分析、显示和描述地理空间信息的计算机信息系统。地理信息系统是以空间地理分布数据库为基础，采用地理模型分析方法，提供多种空间地理信息，进行空间信息分析和处理的技术系统。地理信息系统与全球定位系统（global positioning system，GPS）、遥感系统合称"3S"系统。

绿色植被是生态系统的重要组分，是生物组分中的生产者。植被指数（vegetation index）是对地表植被状况的简单、有效和经验的度量，它可以有效地反映植被活力与植被信息，是广泛采用的植被遥感监测参数。利用绿色植被在不同波段的反射和吸收特性，对传感器不同波段参数进行组合运算，可以获取植被分布信息。植被指数有100多种，多基于可见光-近红外波段提取植被分布信息，如归一化植被指数（normalized difference vegetation index，NDVI）、比值植被指数（ratio vegetation index，RVI）及增强型植被指数（enhanced vegetation index，EVI）等。

常用的遥感信息提取的方法主要有目视解译和计算机信息提取两大类。目视解译是利用图像的影像特征（如色调或色彩）和空间特征（如形状、大小等），与多种非遥感信息资料（如地形图等专题图）组合，进行综合分析的过程。计算机信息提取是利用植被波谱特征对遥感信息进行自动提取。

绿色植被遥感信息提取主要流程如图 4-8 所示。

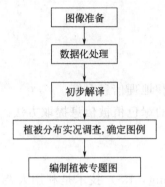

图 4-8　绿色植被遥感信息提取主要流程

三、 仪器与材料

1. 仪器
主机工作站，无人机，数据化仪，扫描仪，彩色喷墨打印机。

2. 材料
图像处理软件，地理信息系统软件，遥感 TM 图像，地形图，植被图，林相图以及其他各类基础图件等。

四、 实验步骤

1. 植被图准备
确定植被调查范围，收集合适比例尺的遥感影像或数字地图，收集与研究区域相关的地形图、林相图等专题图和文字资料。

无人机拍摄的图像用于绿色植被信息提取需要校正后才能使用。校正的方法有控制点校正、参照图校正、影像到影像校正等。以德庆山区某地块样地为例，图 4-9 为无人机拍摄的植被调查范围影像，面积为$1000m^2$，实地查勘包含林地、裸地、建筑物等。根据实地调查位置、植被分布情况，经控制点校正添加坐标，植被调查范围的校正图像如图 4-10 所示。

2. 图像的初步解译
从图像的色调特征、图形结构特征入手进行植被斑块探测、识别和鉴定，初步获得绿色植被分布情况。

图 4-9　植被调查范围的无人机影像

图 4-10　植被调查范围的校正图像

　　建立目视解译标志，进行初步解译，标注林地和灌木、草地、裸地和建筑物等类别，形成预解译图。

　　3. 植被分布实况调查

　　选择重点地段对其植被分布情况实施野外实地调查与验证。通过影像判读和野外调查数据比对，结合调查范围地形图以及其他图件资料对解译结果进行修正，获得绿色植被空间分布信息。

　　4. 详细解译

　　根据野外实地调查数据资料、解译标志和解译专题，确定图例，形成解译原图。植被调查范围的矢量化图像见图 4-11，斑块已经添加了林地、裸地等信息。

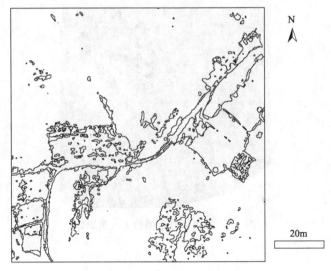

图 4-11　调查范围的矢量化图像

5. 编制植被专题图

将解译原图上的植被类型转绘到地理底图上，对各种植被类型着色，编制植被专题图。根据野外实地调查数据资料，将图像解译分类，按林地和灌木、草地、裸地和建筑物提取分类信息，调查范围的条件分类见图 4-12。将草地和林地数据合并，调查范围的绿地分布专题图如图 4-13 所示。

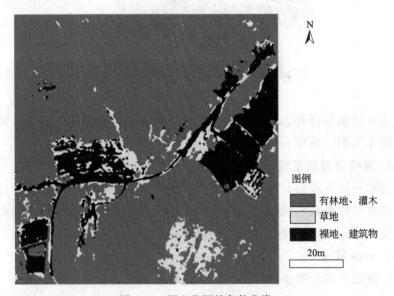

图例

■ 有林地、灌木
□ 草地
■ 裸地、建筑物

20m

图 4-12　调查范围的条件分类

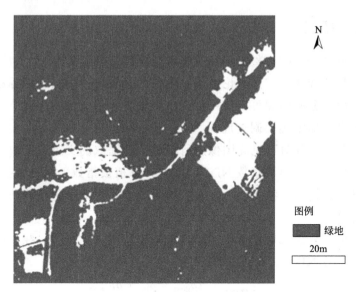

图4-13　调查范围的绿地分布专题图

五、 实施建议

1. 建议

（1）合适比例尺的遥感影像或数字地图处理便捷，建议使用数字地图影像，基于植被颜色、纹理对不同植被类型进行分类。

（2）要提前参阅无人机使用说明书，了解使用无人机操作方法。

（3）无人机具有使用成本低、操作简单、获取影像速度快、地面分辨率高等优点，能够快速获取调查范围内植被空间信息。无人机影像需要进行校正才能用于数据处理，图像增强可以增加图像信息的可视性。

（4）分析植被影像上绿色植被与非植被的光谱特性，通过观察它们在各波段间反射率的差异，构造植被指数，提取植被信息。

2. 注意事项

（1）室外实验要以小组为单位集体开展样地调查。野外调查注意遵守纪律和秩序，注意人身安全。

（2）按照当地有关部门要求，在选定区域使用无人机要提前报备。

六、 实验结果

根据样地调查范围的植被分布资料，绘制绿色植被资源空间分布专题图。

七、 综合拓展

（1）建议 5～6 名学生成立拓展实验小组；实验小组应开展综合性、设计性实验的选题及方案讨论活动，确定的选题可作为实验副标题。

（2）植被分析图像可以使用无人机航拍图片，也可使用遥感图像；实验小组可自行确定实验调查范围。

（3）参考一些对可见光图像进行植被信息提取的文献，选取合适的植被指数（如归一化植被指数 NDVI 等），计算植被指数。绿色植被影像中，植被信息包括树木、灌木、草地及农田等，非植被信息包括裸地、水泥路及建筑物等。

每种地物分别选取若干个代表区域构建基于可见光红、绿、蓝 3 个波段的植被指数 NDVI，计算式如下：

$$NDVI = \frac{2\rho_{green} - \rho_{red} + \rho_{blue}}{2\rho_{green} + \rho_{red} + \rho_{blue}}$$

式中　ρ_{red}，ρ_{green}，ρ_{blue}——红、绿、蓝 3 个波段的反射率或像元值。

将图像中像素点划分为植被类和非植被类。

（4）利用直方图阈值确定法设定合适的阈值，根据阈值区分植被和非植被。

（5）利用调查范围的绿地分布专题图可以进一步进行绿地分布斑块面积统计，计算绿地率。绿地面积既可以利用矢量化分类的方法统计，也可以根据栅格数据进行统计。

（6）实验方案的设计和实验报告的撰写均要注意查阅文献数据库，引用必要的文献。

八、 思考题

1. 遥感和地理信息系统可以做哪些分析工作？
2. 编制植被专题图需要注意哪些问题？
3. 简述应用目视解译法提取遥感资料绿色植被信息的步骤。

参考文献

[1] 付荣恕，刘林德. 生态学实验教程 [M]. 北京：科学出版社，2004.

[2] 杨期和，许衡，杨和生. 园林生态学 [M]. 广州：暨南大学出版社，2015.

[3] 杨持. 生态学 [M]. 第 3 版. 北京：高等教育出版社，2014.

[4] 侯庸，王伯荪，张宏达，等. 黑石顶南亚热带常绿林生态系统能量现存量 [J]. 中山大学学报

（自然科学版），1997，36（1）：74-78.

[5] 马克平．小叶章草地生态系统结构与功能的研究Ⅳ能量的固定分配［J］．生态学报，1995，15（1）：23-31.

[6] 冷平生．园林生态学［M］．第 2 版．北京：中国农业出版社，2011.

[7] 任海，彭少麟，陆宏芳．退化生态系统恢复与恢复生态学［J］．生态学报，2004，24（8）：1756-1764.

[8] 胡婵娟，郭雷．植被恢复的生态效应研究进展［J］．生态环境学报，2012，21（9）：1640-1646.

[9] 刘经洋，王晓慧，相连宏．社区环境不同植被类型的生态效应［J］．林业科技情报，2002，34（2）：146-148.

[10] 鲁敏，徐晓波，李东阳．风景园林生态应用设计［M］．北京：化学工业出版社，2015.

[11] 张绪良，徐宗军，张朝晖，等．青岛市城市绿地生态系统的环境净化服务价值［J］．生态学报，2011，31（9）：2576-2584.

[12] 胡小飞，傅春．南昌城市绿地系统生态调节服务功能价值动态分析［J］．江西农业大学学报，2014，36（1）：230-237.

[13] 段彦博，雷雅凯，吴宝军，等．郑州市绿地系统生态服务价值评价及动态研究［J］．生态科学，2016，35（2）：81-88.

[14] 张超，吴群，彭建超，等．城市绿地生态系统服务价值估算及功能评价——以南京市为例［J］．生态科学，2019，38（4）：142-149.

[15] 宋国宝，潘耀忠，张树深，等．北京市植被净生产力遥感测量与分析［J］．资源科学，2009，31（9）：1568-1572.

[16] 中华人民共和国住房和城乡建设部．CJJ/T 91—2017 风景园林基本术语标准［S］．北京：中国建筑工业出版社，2017.

[17] 邓小军，王洪刚．绿化率　绿地率　绿视率［J］．新建筑，2002（06）：75-76.

[18] 王云才．景观生态规划原理［M］．第 2 版．北京：中国建筑工业出版社，2014.

[19] 傅伯杰，陈利顶，马克明，等．景观生态学原理及应用［M］．2 版．北京：科学出版社，2011.

[20] 杨持．生态学实验与实习［M］．北京：高等教育出版社，2003.

[21] 贾宝全，杨洁泉．景观生态规划：概念、内容、原则与模型［J］．干旱区研究，2000，17（2）：70-77.

[22] 张舒．生态规划理念在园林景观设计中的应用［J］．江西农业，2019（14）：74.

[23] 国家环保局计划司《环境规划指南》编写组．环境规划指南［M］．北京：清华大学出版社，1994.

[24] 肖笃宁．景观生态学［M］．北京：科学出版社，2003.

[25] 付必谦，张峰，高瑞如，等．生态学实验原理与方法［M］．北京：科学出版社，2006.

[26] 郭铌．植被指数及其研究进展［J］．干旱气象，2003，21（4）：71-75.

[27] 汪小钦，王苗苗，王绍强，等．基于可见光波段无人机遥感的植被信息提取［J］．农业工程学报，2015，31（5）：152-158.

[28] 江洪，汪小钦，吴波，等．地形调节植被指数构建及在植被覆盖度遥感监测中的应用［J］．福州大学学报（自然科学版），2010，38（4）：527-532.

[29] 罗亚，徐建华，岳文泽，等．植被指数在城市绿地信息提取中的比较研究［J］．遥感技术与应用，2006，21（3）：212-219.

[30] 张超，陈丙咸，邬伦. 地理信息系统 [M]. 北京：高等教育出版社，1995.

[31] 李连营，李清泉，李汉武. 基于 MapX 的 GIS 应用开发 [M]. 武汉：武汉大学出版社，2003.

[32] 张彪，高吉喜，谢高地，等. 北京城市绿地的蒸腾降温功能及其经济价值评估 [J]. 生态学报，2012，32（24）：7698-7705.

第五章
应用生态

实验二十一　园林树木的遮阴效果测定

一、实验目的

（1）掌握园林树种遮阴效果的测定方法。

（2）了解不同树种遮阴效果的差异。

二、实验原理

城市内的树木不仅可以美化人居环境，还具有遮阴、降温、降尘、杀菌等功能。在一些控制实验中，遮阴处理对植物的形态结构特征以及叶绿素含量、光合速率、可溶性糖含量、可溶性蛋白质含量等生理生化特性有显著影响。树木的遮阴效果与光照、温度、湿度、风速等多种因素有关，且不同树种的遮阴效果有一定差异。

阴质（shade quality）即园林树木阴影的质量，主要由遮光率和降温率两个因素构成。树木阴影中心部位的光照度（或光强）较暴露在全阳光下的照度（或光强）减少的量占暴露在全阳光下照度的百分数即为遮光率。树木阴影处较全阳光下温度降低的值，占全阳光下温度的百分数即为降温率。阴质等于遮光率和降温率的乘积，阴质单位用"阴度"表示，用字母 n 代表，可以比较其阴质优劣的程度。园林树木的遮阴效果（shading effect）应既能表示其阴质的优劣，又能表示其阴影面积，因此遮阴效果以阴质和阴影面积的乘积表示。遮阴效果数值越高，则相应树种的遮阴效果越好。

三、 仪器与材料

1. 仪器

太阳能功率计（或照度计），手持气象测定仪，温度计，湿度计，皮尺（50m），测高仪，卷尺等。

2. 材料

调查表等。

四、 实验步骤

1. 选定树种

选定调查区域内若干园林树种（一般不少于 3 个树种）。尽量选择单株生长不受外界环境影响的园林树种，为确保遮阴测定效果应选择较为高大的植株。

2. 指标测量

（1）在选定调查区域内，调查园林树种的树种名称（拉丁学名）、树高、枝下高、冠幅（南北冠幅×东西冠幅）等，冠幅投影示意见图 5-1。每种树种至少测量 5 株以上，计算平均值。

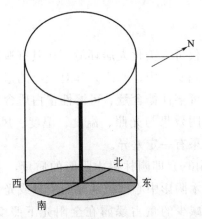

图 5-1　树木冠幅（南北冠幅×东西冠幅）及树冠投影示意

（2）调查园林树种形态特征的同时，测量园林树种遮阴条件下的光照、温度，以全光照下（即无遮阴）测量的光照、温度为对照。光照、温度的测量重复 3 次以上。

3. 遮阴指标的计算

树木的遮阴面积可以用该树木的垂直投影面积，按圆面积（或椭圆面积）计算，即：

$$S = \pi R^2$$

$$R = \frac{南北冠幅 + 东西冠幅}{4}$$

$$L = \frac{全光照光强 - 遮阴光强}{全光照光强} \times 100\%$$

$$T = \frac{全光照温度 - 遮阴温度}{全光照温度} \times 100\%$$

$$M = LT$$

$$P = MS$$

式中　S——遮阴面积，m^2；

　　　R——投影圆半径，m；

　　　L——遮光率，%；

　　　T——降温率，%；

　　　M——阴质；

　　　P——遮阴效果。

五、 实施建议

1. 建议

（1）园林树种调查建议在校园及周边区域完成。

（2）尽可能测量树阴中心位置的光强、温度，且测量高度尽可能统一（如 1.3m 左右）。

（3）光强、温度测量受测量时间、天气状况的影响，应选择在自然光照良好、天气晴朗、无风条件下进行室外测定。

（4）为确保不同树种的光强、温度具有可比性，尽可能在同一时间或较短时间内完成测量。

2. 注意事项

（1）实验在正午进行可以忽略太阳高度角的影响，垂直投影可视为遮阴投影；如实验无法选在正午时间，测量投影可根据太阳高度角进行校正。

（2）室外实验要以小组为单位开展样地调查，注意遵守纪律和秩序，注意人身安全。

六、 实验结果

（1）调查园林树种形态特征，指标测定结果填入表 5-1。

表 5-1　园林树种形态特征

树种(拉丁学名)	重复	胸径/cm	树高/m	枝下高/m	冠幅/(m×m)	测量点描述
1	1					
	2					
	…					
	平均值					—
	标准差					—
2	1					
	2					
	…					
	平均值					—
	标准差					—
…	…					

注："—"表示无需计算。

（2）试验地点的环境指标测定结果填入表 5-2，对比遮阴、全光照的温度、光强等指标差异。

表 5-2　园林树种遮阴效果的光强、温度指标测量

树种(拉丁学名)	重复	光强/lx		温度/℃	
		遮阴	全光照	遮阴	全光照
1	1				
	2				
	…				
	平均值				
	标准差				
2	1				
	2				
	…				
	平均值				
	标准差				
…	…				

（3）园林树种遮阴指标计算结果填入表 5-3，比较不同园林树种的遮阴效果。

表 5-3　园林树种遮阴指标计算结果

树种(拉丁学名)	遮光率(L)/%	降温率(T)/%	阴质(M)/n	遮阴面积(S)/m²	遮阴效果(P)
1					
2					
3					
…					

七、 综合拓展

（1）建议 5～6 名学生成立拓展实验小组；实验小组应开展综合性、设计性实验的选题及方案讨论活动，确定的选题可作为实验副标题。

（2）调查树种可以按不同生境、树木发育阶段、植物配置特点等因子设置，也可以按遮阴控制实验设计（如全光照 100% 和遮阴率 20%、40%、60%、80%）。

（3）遮阴效果的综合指数　园林植物遮阴效果的计算方法主要是从环境因子对人体舒适度的影响角度设计的。人体在植物遮阴条件下的舒适感的影响因素主要有光照、大气温度、湿度、气压、风速、氧气浓度、空气负离子等，因此可以考虑增加测定植物遮阴条件下的环境因子指标。测定点是测定园林植物遮阴效果的采样区域，记录测定点的园林植物组成、遮阴面积等信息。

① 数据准备　假定有 n 个环境指标，测量点数量为 m，全光照和遮阴处理条件下各环境因子指标见表 5-4，理论上与园林植物遮阴效果有关的指标均可列入。

表 5-4　全光照和遮阴处理条件下各环境因子指标

测量点	处理	光强 /lx	温度 /℃	湿度 /%	气压 /kPa	风速 /(m/s)	...	i	...	n
1	遮阴									
	全光照									
2	遮阴									
	全光照									
...										
j	遮阴									
	全光照									
...										
m	遮阴									
	全光照									

注：所有处理均要测定 3 次以上，取平均值。

② 环境因子指标数据归一化　由于环境因子各个指标的单位不同，要将各个指标数据归一化，处理后值在 0～1 之间。计算式如下：

$$Z_{ij} = \frac{x_{ij}}{X_{i\max}}$$

$$i = 1, 2, \cdots, n;\ j = 1, 2, \cdots, m$$

式中　Z_{ij}——第 i 指标第 j 个观测点的标准化值；

x_{ij}——第 i 指标第 j 个观测点的观测值；

$X_{i\max}$——第 i 指标在所有观测点的最大值；

n——观测指标的数量；

m——观测点的数量。

③ 指标确定权重 计算每个指标的全光照和遮阴处理差值，为每个指标确定权重，计算式如下：

$$a_i = \frac{d_i}{\sum_{i=1}^{n} d_i}$$

式中 a_i——观测点第 i 指标的权重（取绝对值）；

d_i——观测点第 i 指标的差值；

n——观测指标的数量。

④ 阴质计算 阴质计算采用 n 个环境指标差值的加权平均方法，计算式如下：

$$M = \sum_{i=1}^{n} d_i a_i$$

式中 M——观测点某一植物的阴质；

a_i——观测点第 i 指标的权重；

d_i——观测点第 i 指标的差值；

n——观测指标的数量。

⑤ 遮阴效果综合指数的计算 遮阴效果综合指数（composite index of shading effect）是指某种植物遮阴引起的局部环境因子的改变程度，是植物遮阴效果的综合测度指标。由于阴质是若干个环境指标差值的加权平均数，且遮阴效果受遮阴面积的影响较大，因此综合指数应注意遮阴面积的计算。该指数无单位，可用于不同种类植物的遮阴效果的测度。遮阴效果综合指数的计算式如下：

$$P_c = MS$$

式中 P_c——植物的遮阴效果综合指数；

S——植物的遮阴面积，m^2；

M——植物的阴质。

各环境因子指标的权重、阴质和遮阴效果综合指数的计算结果填入表5-5。

表 5-5 植物的遮阴效果

| 观测点 | 权重(a_i) | | | | | | | | | 阴质 | 遮阴效果综 |
	光强	温度	湿度	气压	风速	…	i	…	n	(M)	合指数(P_c)
1											
2											
…											
j											
…											
m											

注：m 为观测点的数量；n 为观测指标的数量。

（4）树冠投影面积的校正　树冠投影面积的重叠面积是非规则图形。园林植物的遮阴面积一般使用植物的垂直投影，用圆面积模拟计算。以乔木为例，当两株植物距离较近时，会出现树冠投影重叠问题，导致植物的垂直投影面积偏大的情况。在植物样地内，树木分布密度大，枝叶分层重叠，往往表现为较高的树冠投影重叠。假定两个圆形树冠投影中心分别为 O_1 和 O_2，半径分别为 R_1 和 R_2（见图 5-2）。AB 为两圆的公共弦，O_1 和 O_2 的株距为 d_{12}，阴影部分为两圆的重叠面积，是非规则图形。两圆的重叠面积与两颗树木的位置和冠幅有关，计算该植物的遮阴面积时可考虑将重叠部分去除。

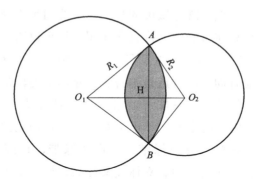

图 5-2 两株植物的树冠投影重叠

（5）实验小组制订实验方案后，可进行合理分工，分别在不同观测点同时测定温度、光强指标，相同或相近的时间段内在不同取样点的测定数据具有更好的可比性。

（6）数据汇总后小组数据共享，共同讨论，然后独立完成实验报告的分析部分。

（7）实验方案的设计和实验报告的撰写均要注意查阅文献数据库，引用必要的文献。

八、 思考题

1. 影响园林树种遮阴效果的因素有哪些？
2. 根据实验结果，对常见行道树遮阴效果进行比较分析。

实验二十二　城市道路绿视率的调查

一、 实验目的

（1）掌握城市道路绿视率的调查方法。
（2）了解城市道路绿视率指标对城市绿化质量的意义。

二、 实验原理

　　道路是城市提供交通服务、社会服务的骨架。道路绿地的好坏对城市市容和城市面貌具有决定性作用。城市道路（urban road）是指城市中行人和车辆往来的专用地，既是城市的骨架，又要满足不同性质交通流的功能要求。根据城市总体布局中的位置和作用，城市道路一般分为城市快速干道（快速路）、城市主干道（主干路）、次干路、支路（街坊道路）等类型。城市道路绿地有助于改善道路本身和道路两侧地段的小气候，提高城市环境质量。我国行业标准《城市道路绿化规划与设计规范》（CJJ 75—1997）对城市道路绿地的定义：城市道路及广场用地范围内的可进行绿化的用地，分为道路绿带、分车绿带、行道树绿带、路侧绿带、交通岛绿地、中心岛绿地、导向岛绿地、立体交叉绿岛、广场及停车场绿地等。

　　绿地率（greening rate）指标主要运用于城市建设领域，是城市规划指标之一。城市绿地率是指城市统计范围内各种绿化用地总面积占统计面积的比例，是反映城市环境质量的一项重要指标。根据《城市道路绿化规划与设计规范》（CJJ 75—1997），道路绿地率是指道路红线范围内各种绿带宽度之和占总宽度的百分比。市区内园林景观路绿地率不得小于 40%；红线宽度大于 50m 的道路，绿地率不得小于 30%；红线宽度在 40～50m 的道路，绿地率不得小于 25%；红线宽度小于 40m 的道路，绿地率不得小于 20%。

绿视率（green view index）这一概念首先由日本的青木阳二于 1987 年提出，是指在人的视野中绿色景观所占的比率。绿视率与人的寿命之间存在密切关系：当绿色在人的视野中达到 25% 时，人感觉最为舒适；当环境的绿视率小于 15% 时，人们感知到的环境中人工雕琢的痕迹比较大；绿视率小于 5% 的地区中，呼吸系统疾病患者的死亡率较高；世界上长寿地区的"绿视率"均在 15% 以上。传统的绿视率测度方法是人工进行的，即在取样点人工拍摄照片，然后逐张手工描绘绿色景物的范围，计算绿化面积占整个取样面积的百分比。绿视率的评价需借助照片判断绿化空间构成比率，计算照片中的绿色部分面积，可以借助 Photoshop 或 AutoCAD 等软件计算绿视率。

由于绿视率是人对环境绿化程度的感知，随着观察时间和空间的变化而变化，定量测量绿视率还存在一些困难。近年来，随着网络街景服务的兴起，使用街景图像自动测度街道绿视率成为可能（如使用百度等街景图像测度绿视率）。城市街道绿视率为评估城市道路绿化质量的优劣提供了参考，为城市景观绿化的设计提供了量化指标，对城市道路绿地规划设计具有现实意义。

三、 仪器与材料

1. 仪器

测高仪，数码相机，计算机，皮尺（50m），Photoshop、AutoCAD 等软件。

2. 材料

数码地图、卫星地图、城市道路规划等资料。

四、 实验步骤

1. 城市道路类型调查

（1）选取城市调查范围内的 3 条以上街道，每条街道至少取 3 个以上的调查点进行调查。调查城市道路类型。

（2）城市道路的断面布置形式主要有一板两带式、两板三带式、三板四带式、四板五带式等，也存在两板两带式、三板多带式等其他形式。

（3）城市道路类型一般分为城市快速干道（快速路）、城市主干道（主干路）、次干路、支路（街坊道路）等。

2. 城市道路绿化树种组成调查

调查道路绿地的植物种类、生长状况和植物配置模式，记录街道绿化主要树种及冠幅（树冠的大小）。

3. 获取图像

（1）在不同道路设置 3 个以上的调查点，每隔 50m 抓取街道上不同位置的街景图片。

（2）实地拍摄照片或者调用地图街景图片，以道路轴向为基准，以人的眼高为相机的水平高度，按前、后、左、右 4 个方向获取道路照片。拍摄道路照片取景示意如图 5-3 和图 5-4 所示。

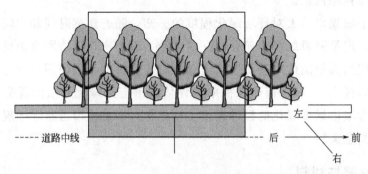

图 5-3 垂直道路方向取景示意

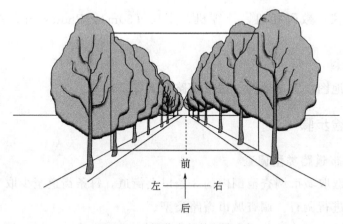

图 5-4 平行道路方向取景示意

4. 解析图像

解析图像过程需要借助 Photoshop、AutoCAD 等软件，按前、后、左、右 4 个方向提取图像中绿色像素，测出绿色部分的面积。

5. 计算绿地率和绿视率

（1）提取图像中城市道路的绿色像素，计算出绿化覆盖的面积和街道面积。

（2）城市道路的绿地率　计算式如下：

$$GR = \frac{S_绿}{A} \times 100\%$$

式中　GR——绿地率，%；

$\quad S_绿$——道路范围内绿化覆盖的面积，m^2；

$\quad A$——道路范围面积，m^2。

（3）绿色像素在总像素数中的占比　计算式如下：

$$GV = \frac{S_绿}{A} \times 100\%$$

式中　GV——绿视率，%；

$\quad S_绿$——图片中绿色植物所占面积，m^2（或像素）；

$\quad A$——图片总面积，m^2（或像素）。

五、 实施建议

1. 建议

（1）在各条街道取样点实地拍摄照片或网上抓取图片，注意拍摄角度、拍摄方向要统一。

（2）街景图像建议转换为 HSV（hue，saturation，value）色彩空间。

（3）解析图像时，为避免判定像素范围过宽，需要设定绿色像素的色值范围。

（4）获取图像可以使用腾讯、百度、高德等地图的街景图像，每个取样点获取前、后、左、右 4 个方向的图片，每张图片包含取样点唯一标识符、经纬度、水平角度、方位等信息。

（5）绿地率也可以用测量道路绿化带宽度估计，计算式如下：

$$GR = \frac{L_绿}{L} \times 100\%$$

式中　GR——绿地率，%；

$\quad L_绿$——道路范围内绿化带宽度之和，m；

$\quad L$——道路范围内总宽度，m。

2. 注意事项

（1）道路范围是指道路红线范围内的用地面积。

（2）室外实验要以小组为单位开展样地调查，注意遵守纪律和秩序。

（3）街道取样点实地拍摄注意道路交通情况，注意人身安全。

六、 实验结果

（1）城市道路类型调查结果填入表 5-6，区分断面布置形式和道路类型。

表 5-6　城市道路类型调查结果

序号	道路名称	道路断面布置形式	道路类型	路幅宽度/m	道路描述
1 2 3 ...					

（2）调查城市道路绿化树种组成，分析街道绿化树种组成特点。绿化树种组成填入表 5-7，绿化树种特征填入表 5-8。

表 5-7　城市道路绿化树种组成调查

序号	道路名称	植物种类			生长状况	植物配置模式描述
		乔木	灌木	草本		
1		1 2 3 ...	1 2 3 ...	1 2 3 ...		
2		1 2 3 ...	1 2 3 ...	1 2 3 ...		
3		1 2 3 ...	1 2 3 ...	1 2 3 ...		
...		...	...	...		

表 5-8　城市道路绿化主要树种特征调查

序号	道路名称	主要树种（拉丁学名）	高度/m	冠幅/(m×m)	主要树种描述
1		1 2 3 ...			

Continued table

序号	道路名称	主要树种 （拉丁学名）	高度 /m	冠幅 /(m×m)	主要树种描述
2		1 2 3 …			
3		1 2 3 …			
…		…			

（3）城市道路的绿地率和绿视率的计算结果填入表5-9，比较不同道路的绿地率和绿视率。

表5-9　城市道路的绿地率和绿视率计算结果

序号	道路名称	绿地率/%	绿视率/%
1 2 3 …			

七、 综合拓展

（1）建议5～6名学生成立综合拓展实验小组；实验小组应开展综合性、设计性实验的选题及方案讨论活动，确定的选题可作为实验副标题。

（2）根据实地调查资料分析道路绿化的主要组成，对主要植物种类的道路绿化效果进行评价。

（3）分析不同城市道路的绿视率特征，讨论不同道路绿化模式与绿视率间的关系；建议绘制柱状图，分别体现不同等级街道绿地率和绿视率差异，以及不同性质道路类型的绿地率和绿视率差异。

（4）综合分析调查结果，提出更人性化的街道绿化模式和适宜的绿化树种。

（5）实验方案的设计和实验报告的撰写均要注意查阅文献数据库，引用必要的文献。

八、 思考题

1. 结合不同城市道路调查结果，分析绿化树种与绿视率的关系。

2. 分析道路断面布置形式对绿地率和绿视率的影响。

3. 影响城市道路绿视率的因素有哪些？

实验二十三　城市道路的廊道效应分析

一、　实验目的

（1）理解城市道路廊道效应的原理及调查方法。

（2）了解城市交通网络对城市建设的廊道效应的影响。

二、　实验原理

景观中的廊道（corridor）也称为廊带，是斑块的一种特殊形式，是指与两边的景观要素或本底有显著区别的线形或带状结构。廊道类型的划分多种多样，按起源分为自然廊道和人工廊道，按结构分为线状廊道、带状廊道、河流廊道等，按功能分为输水廊道、物流廊道、能流廊道等。人工廊道以交通干线为主，自然廊道以河流、植被带为主，城市道路廊道属于人工廊道类型。城市中带状廊道是最常见的绿化带空间布局模式。带状廊道相互连接构成绿色廊道网络，还可以成为城市与外界相连的通道，有助于净化空气、降低污染、缓解城市热岛效应等。廊道效应（corridor effect）是指交通廊道产生的各种自然、经济、社会综合效应。城市廊道效应包括流通效应和场效应，是指城市化区域主要沿交通干线从市中心呈触角式向周围增长的流通效应以及廊道本身及其辐射区的场效应。廊道效应由中心向外逐步衰减，遵循距离衰减律。廊道可在很大程度上决定城市景观结构和人口空间分布模式。

衡量城市廊道及网络结构特征的指标包括长度、宽度、密度、曲度、线点率、连接度、环度等。长度、宽度和面积是用于描述城市廊道现状的最基本的数据。廊道的长度和宽度能在一定程度上反映景观中廊道的生态功能，较长、较宽的廊道能为城市生物提供迁移路径，而宽的廊道同时具有阻碍物种穿越的功能；廊道的面积则可以反映城市景观中绿色廊道的建设水平。缓冲区是以某类图形元素（点、线或面）为基础拓展一定宽度而形成的区域，缓冲区的半径为最远影响距离。对城市道路周围土地利用情况的缓冲区分析可以用来分析城市廊道效应的场效应。城市道路廊道作为一种人工廊道，通过输送车流、人流、物流等方式联系周围的街区，同时也起到分割道路两侧街区联系的作用。城市道路交通网络特征可以作为城市道路廊道流通效应的指标。

三、 仪器与资料

1. 仪器

测高仪，数码相机，计算机，数字化仪，扫描仪，皮尺（50m），GPS、GIS、Photoshop、AutoCAD等软件。

2. 资料

卫星TM影像、城市规划图、城市交通规划图、数码地图、卫星地图等资料。

四、 实验步骤

1. 调查了解研究区域的自然及社会条件

（1）研究区域的自然及社会概况调查主要内容包括地理位置（海拔、经纬度等信息）、地质地貌（土壤、地质、水文、小气候等资料）、植被类型、社会条件（经济发展水平、人口分布状况、城市交通网络等）等。

（2）研究区域内道路网络布局调查要区分城市快速干道（快速路）、城市主干道（主干路）、次干路、支路（街坊道路）等类型。记录道路名称、道路类型、道路宽度（m）、道路长度（m）、交通功能描述等信息。

（3）研究区域内城市道路的植被带宽度、植物的种类，记录街道绿化主要树种及其冠幅（树冠的大小）。

2. 选择研究尺度

对城市道路廊道效应的研究可以按照不同的尺度进行。

（1）大尺度　按照行政区划从总体上了解城市道路廊道效应在城市各行政区中的分布现状。

（2）中尺度　通过计算廊道的相关指标，对局部区域的城市道路廊道效应进行细致的定量化研究。

（3）小尺度　结合具体街道绿地系统分布，研究各类型道路廊道的内部结构，包括植被种类和配置形式，分析城市道路廊道效应。

大、中尺度的城市道路廊道效应研究需借助地理信息系统（GIS）、全球定位系统（GPS）等软件工具进行数据空间分析。

小尺度的城市道路廊道效应分析可设定若干取样点，通过实地调查获得数据。

3. 大、中尺度的城市道路廊道效应分析

（1）影像及图件资料　城市绿地景观调查一般采用卫星遥感影像作为主要信息源。收集相关研究区域的城市土地利用现状及规划图件（如城市土地利用现状图、城市总体规划图等）。

（2）图形数据处理　数据处理流程主要包括数据准备、土地利用信息数字化、土地利用空间信息提取和综合分析4个步骤。

① 数据准备　对影像资料进行图像增强、几何纠正等预处理，判别、解译影像信息。对影像及图件进行地理坐标配准。

② 土地利用信息数字化　应用GIS软件对遥感影像和土地利用现状图等图件进行数字化，建立数据库。

③ 土地利用空间信息提取　应用GIS空间分析功能，提取城市道路数据，获取研究区域内城市道路空间分布及变化情况。

④ 综合分析　对所获取的城市道路土地利用空间分布及变化情况，进行分析和制图。

（3）综合分析研究区域内城市道路对土地利用的廊道效应　对研究区域内城市道路的廊道特征进行分析，提取绿色带状廊道（如达到50m以上宽度），统计各类型廊道的宽度、长度、面积等相关景观指标。

（4）对城市道路周围的土地利用情况进行缓冲区分析　分别提取距道路0～500m、500～1000m和1000～2000m缓冲区大小范围，作为廊道效应影响区域（ArcMap的缓冲区分析工作界面如图5-5所示），分类查询统计土地利用空间分布及变化情况。

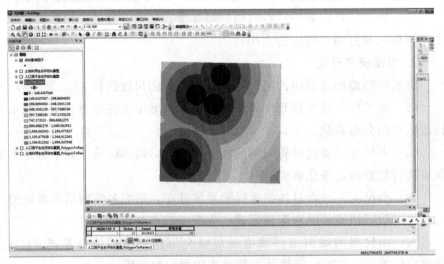

图 5-5　ArcMap 的缓冲区分析工作界面

4. 小尺度的城市道路廊道效应分析

（1）城市道路的流通效应分析 调查研究区域内城市道路的交通情况，包括机动车和行人的交通流量，分析城市道路的流通效应。

（2）分析城市道路的网络布局、交通情况、绿化带宽度、主要绿化树种与廊道宽度等指标之间的关系。

五、 实施建议

1. 建议

（1）大、中尺度和小尺度的城市道路廊道效应分析各有侧重点，建议二选一。

（2）小尺度城市道路的廊道效应分析建议在校园及周边区域完成，以若干条主干道为研究对象进行廊道效应调查；研究区域内道路网络、植被带宽度、植物的种类、交通流量等信息需要现场调查。

（3）大、中尺度的城市道路廊道效应分析的缓冲区范围按 $0 \sim 500m$、$500 \sim 1000m$、$1000 \sim 2000m$ 进行；小尺度城市道路的廊道效应分析可省略缓冲区分析部分。

（4）城市道路的植被带特征、交通情况需要实地调查。在每条城市道路上，设置 $3 \sim 5$ 个调查点，调查植被带特征并统计单位时间内的车辆和行人通过情况。

（5）分析城市道路的廊道效应指标之间的关系。

2. 注意事项

（1）室外实验要以小组为单位开展样地调查，注意遵守纪律和秩序。

（2）城市道路路况较为复杂，注意人身安全。

六、 实验结果

（1）研究区域内道路网络布局调查，道路描述信息列入表 5-10。

表 5-10 研究区域内道路网络布局

道路名称	道路类型	道路宽度/m	道路长度/km	交通功能描述
1				
2				
3				
...				

（2）研究区域内不同城市道路的植被带特征和主要绿化树种调查。植被带特征填入表 5-11，绿化树种特征填入表 5-12。

表 5-11　城市道路的植被带特征

道路名称	植被带宽度/m	植物(行道树)数量		
		乔木/株	灌木/株	草本/株或丛
1				
2				
3				
…				

表 5-12　城市道路主要绿化树种特征调查

道路名称	主要树种 (拉丁学名)	高度 /m	冠幅 /(m×m)	主要树种描述
1	1 2 …			
2	1 2 …			
3	1 2 …			
…	…			

（3）各类型廊道的景观指标统计结果填入表 5-13，分析城市道路的廊道特征。

表 5-13　城市道路的廊道特征

道路名称	廊道类型	廊道宽度 /m	廊道长度 /km	廊道面积 /hm²
1				
2				
3				
…				

（4）城市道路缓冲区范围信息填入表 5-14，统计土地利用空间分布及变化情况。

表 5-14　城市道路不同缓冲区范围内土地利用空间分布及变化情况

道路名称	缓冲区大小 /m	面积 /hm²	面积变化 /hm²	新增比例 /%	未改变比例 /%
1	0～500 500～1000 1000～2000				
2	0～500 500～1000 1000～2000				
3	0～500 500～1000 1000～2000				
…	…				

（5）城市道路的交通情况调查数据填入表 5-15，分析城市道路的流通效应。

表 5-15 城市道路的交通情况调查

道路名称	道路宽度/m	交叉口密度/(个/km)			机动车通过量/(辆/h)	行人通过量/(人/h)
		十字路口	丁字路口	其他路口		
1	车道： 人行道： …					
2	车道： 人行道： …					
3	车道： 人行道： …					
…	…					

七、 综合拓展

（1）建议 5～6 名学生成立拓展实验小组；实验小组应开展综合性、设计性实验的选题及方案讨论活动，确定的选题可作为实验副标题。

（2）实验选题不局限于校园道路网络，可以设计任意城市区域作为研究范围。

（3）利用遥感图像进行预处理和图像解译时，将图形栅格化、矢量化，转换成 GIS 可编辑的格式，获取廊道数据。利用城市道路、河流分布图，生成城市绿色廊道系统分布图。

（4）实验方案的设计和实验报告的撰写均要注意查阅文献数据库，引用必要的文献。

八、 思考题

1. 影响城市道路廊道效应的因素有哪些？

2. 说明城市道路的网络布局、绿化带宽度、主要绿化树种与廊道宽度等指标之间的关系。

实验二十四　地理信息系统在城市生态规划中的应用

一、 实验目的

（1）了解城市生态适宜性评估的方法。

（2）掌握 GIS 空间数据分析的基本操作方法。

二、 实验原理

生态城市（eco-city）是运用生态学原理，综合城市的自然、经济、社会诸要素之间的关系，有效利用资源，实现可持续发展的人工生态系统，是典型的社会—经济—自然复合生态系统。生态城市理论已经从最初在城市中运用的生态学原理，发展到包括城市自然生态观、城市经济生态观、城市社会生态观和复合生态观等在内的综合城市生态理论。生态城市形态多样，主要有绿色城市、生态园林城市、山水城市、健康城市等。城市生态规划（city ecology planning）是以生态学原理为指导，以人和自然与城市生态发展的整体优化为目标，提出科学合理的城市区域资源优化利用的空间结构和功能方案、对策及建议的一种生态规划方法。土地生态适宜性评价作为城市生态规划的核心问题，已经成为城市总体规划和土地利用规划制订的重要依据。

地理信息系统（GIS）是一种在计算机软、硬件系统支持下用于采集、储存、管理、运算、分析、显示和描述地理空间信息的计算机信息系统。其中，空间分析是 GIS 的核心功能。城市规划和管理（urban planning and management）、生态环境管理与模拟（environmental management and modeling）是 GIS 的重要应用领域（如城市空间规划、区域生态规划、环境评价、决策支持等）。借助 GIS 的空间分析功能，可将不同来源、不同类型的数据进行综合，对城市生态规划要素进行模型分析，进而对区域生态状况进行定量评价。

土地生态适宜性评价因子主要包括自然环境因子、生态安全因子、社会经济因子等类型。土地利用现状、人口、交通等指标属于社会经济因子类型。

评价指标确定以后，必须对参评因子进行量化处理。量化分级的赋值多采用极差标准化方法、专家级分法标准化方法等，应根据相关技术标准或相关评估方法对评价指标赋值或赋值修正。

① 参评因子的标准化采用极差标准化方法，计算式为：

$$X = \frac{X_i - X_{\min}}{X_{\max} - X_{\min}} \times 10$$

式中　X——实测值的标准化值；

　　X_i——实测值；

$X_{\max}$——实测最大值；

$X_{\min}$——实测最小值。

② 专家级分法标准化方法：按照专家经验对指标因子直接赋值分级。

各因子栅格数据的叠加多采用修正权重后的叠加分析法。某一区域生态适宜性等级指数可定义为其概率与权重之积。栅格数据叠加分析的计算式为：

$$S = \sum_{i=1}^{n} X_i W_i$$
$$(i = 1, 2, 3, 4, \cdots, n)$$

式中　S——生态适宜性等级指数；

　　n——指标总数；

　　X_i——第 i 个指标的标准化值（或概率）；

　　W_i——第 i 个指标的权重，权重的确定多使用层次分析法。

三、 仪器与资料

1. 仪器

主机工作站，数据化仪，扫描仪，彩色喷墨打印机，图像处理软件，地理信息系统软件等。

2. 资料

遥感 TM 图像、地形图、植被图以及其他各类基础图件等。

四、 实验步骤

1. 影像资料准备

选定实验区域（一般为城市某地块），对区域影像资料进行增强、分类处理。

2. 评价指标量化处理

土地生态适宜性评价主要考虑土地利用现状、人口密度分布等因子，汇总区域土地利用现状数据、区域人口密度分布数据，根据这些数据资料对生态适宜性评估分数赋值。

3. 确定评价指标权重

一般采用层次分析方法或者专家级分法标准化方法确定评价指标权重。

4. 将评价因子数据化，生成矢量底图

基于土地利用现状图层生成土地利用现状生态因子评估矢量图。同样方法生成人口密度分布生态因子评估矢量图等。例如，怀城某地块的土地利用现状生态因子评估矢量如图 5-6 所示。

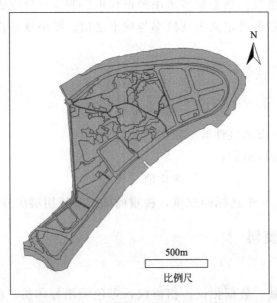

图 5-6　土地利用现状评估矢量图

5. 生成单因子评估专题图

将矢量数据转为栅格数据，调整符号系统，制作土地利用现状评估专题图（见图 5-7）和人口密度分布评估专题图。对点状矢量数据作欧式距离分析，通过栅格重分类（根据距离评估分数）生成点状因子评估专题图。

6. 导出成果数据

根据评价指标权重，将已生成的单因子评估栅格数据进行加权叠加，

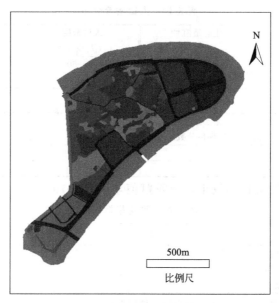

图 5-7　土地利用现状评估栅格图

导出多因子城市生态适宜性评估专题图。

五、 实施建议

1. 建议

（1）利用 GIS 的空间分析扩展模块时需要设定一些与空间分析操作有关的参数。要设定工作目录（或使用默认目录）保存中间结果。

（2）生成专题图时要注意插入图例、比例尺和指北针。

2. 注意事项

室外样地调查要以小组为单位开展工作，注意人身安全。

六、 实验结果

（1）根据区域土地利用现状、区域人口密度分布等资料进行生态适宜性评估，分数赋值填入表 5-16～表 5-18。

表 5-16　土地利用现状

地类	生态适宜性评估分数	地类	生态适宜性评估分数
园地、林地		水域	
耕地		公园	
居住用地		工商业用地	
公路用地		…	

表 5-17　人口密度分布

人口密度 /(人/km²)	生态适宜性 评估分数	人口密度 /(人/km²)	生态适宜性 评估分数
>10000		1000~5000	
5000~10000		<1000	

表 5-18　点状要素

距离/m	生态适宜性 评估分数	距离/m	生态适宜性 评估分数
<500		1000~3000	
500~1000		>3000	

（2）确定评价指标权重，权重赋值填入表 5-19。

表 5-19　评价指标权重

评价因子	权重	计算方法
土地利用现状		
人口密度分布		
点状要素		

（3）导出城市生态适宜性评估专题图。

七、　综合拓展

（1）建议 2~4 名学生成立拓展实验小组；实验小组应开展综合性、设计性实验的选题及方案讨论，确定的选题作为实验副标题。

（2）土地生态适宜性评价指标体系　可根据城市区域地块的具体用途或城市规划特点确定评价指标体系，考虑自然环境因子、生态安全因子、社会经济因子等类型的侧重点。

（3）根据城市区域地块的用途和规划要求，以怀城某新建地块为示例，按以上步骤生成研究范围内的人口密度分布生态适宜性评估专题图（见图 5-8）、土地利用生态适宜性评估专题图（见图 5-9）、点状影响因子生态影响评估图（见图 5-10）和综合因子城市生态适宜性评估专题图（见图 5-11），生态适宜性评价结果可为城市规划和土地利用规划建设提供参考资料。

（4）实验方案的设计和实验报告的撰写均要注意文献引用。

八、　思考题

1. 城市土地生态适宜性评价的应用领域主要有哪些？

2. 评价因子量化处理和权重确定的方法有哪些？

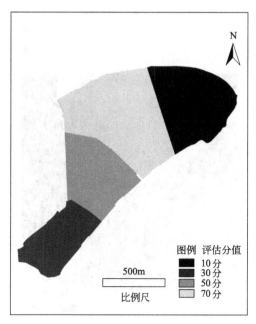

图 5-8　人口密度分布生态适宜性评估专题图

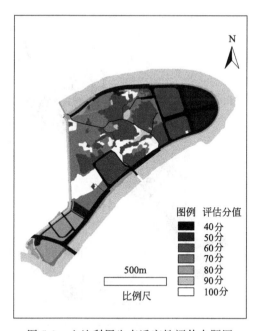

图 5-9　土地利用生态适宜性评估专题图

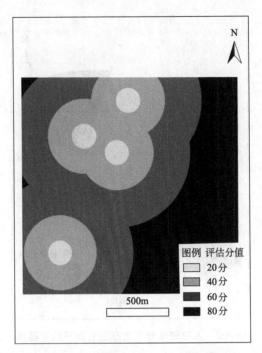

图 5-10　点状影响因子生态影响评估图

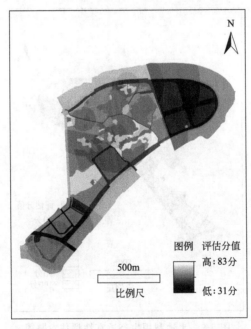

图 5-11　综合因子城市生态适宜性评估专题图

实验二十五　景观生态格局分析

一、 实验目的

（1）掌握景观指数的测度方法。

（2）理解景观生态格局的等级结构特征，了解城市绿地景观生态综合评价常用的方法。

二、 实验原理

在城市生态系统中，绿地（green space）是城市生态系统的初级生产者，对提升城市人居环境质量、维持城市生态系统平衡具有重要作用。景观格局分析（landscape pattern analysis）是基于野外测量和图像处理数据分析城市绿地系统景观结构组成和空间配置关系的方法。景观指数（landscape index）是基于空间尺度的景观格局分析指标，能够高度浓缩景观格局信息。景观格局特征一般分为单个斑块、斑块类型和景观镶嵌体三个层次，相应的景观格局指数也分为斑块水平指数、斑块类型指数和景观水平指数三类。常用的景观格局指数包括景观破碎度、景观分离度、干扰强度、景观多样性、优势度、分维数、聚集度等。景观格局指数可用于城市生态系统景观现状和景观格局变化趋势的分析。

三、 仪器与材料

1. 仪器

计算机，无人机，GIS 软件等。

2. 材料

某个区域的 TM 影像图或遥感影像图，铅笔，记录纸等。

四、 实验步骤

1. 选择样地

选择一处典型城市样地，根据植被生长情况，分别设置若干个采样点。采用网格法进行数据采集。

2. 数据采集

城市绿地景观调查一般采用航片或卫星遥感影像。在影像图上统计出图例斑块的类型数和各类斑块数量。利用 GIS 软件提取各景观要素,统计各类斑块的周长、面积(也可采用方格纸,通过记录斑块占用格子数量即可统计斑块面积)。

3. 建立各景观类型的空间数据库

为每一斑块编码,并建立各景观类型的空间数据库,生成景观类型。

4. 景观指数计算

统计各斑块类型的面积、形状和分离度等基本参数,计算景观指数。

(1) 景观破碎度 景观破碎度(landscape fragmentation)表征景观被分割的破碎程度,反映景观空间结构的复杂性,在一定程度上反映了人类对景观的干扰程度。

$$C_i = \frac{N_i}{A_i}$$

式中 C_i——景观 i 的破碎度;

$\quad\quad N_i$——景观 i 的斑块数;

$\quad\quad A_i$——景观 i 的总面积。

(2) 景观多样性指数

$$H = -\sum_{k=1}^{N} P_k \ln P_k$$

式中 H——多样性指数;

$\quad\quad P_k$——斑块类型 k 在景观中出现的概率,通常以该类型的斑块面积(或格栅数,或像素数)占景观总面积(或格栅数总数,或像素数总数)的比例来估算;

$\quad\quad N$——景观类型数目。

(3) 景观分离度 景观分离度(landscape isolation)指某一景观类型中不同斑块个体分布的分离程度。景观分离度越大表明景观分布越复杂,景观破碎度越大。

$$S = \frac{\dfrac{1}{2}\sqrt{\dfrac{N_k}{A}}}{\dfrac{A_k}{A}}$$

式中 S——景观分离度;

$\quad\quad A_k$——景观类型 k 的面积;

A——景观总面积；

N_k——景观类型 k 中的斑块总个数。

（4）干扰强度和自然度　自然度表示现实景观与天然状态景观的相似度。干扰强度（interference intensity）表示人类的干扰作用。

$$W_i = \frac{L_i}{A_i}$$

$$N_i = \frac{1}{W_i}$$

式中　W_i——i 类斑块类型受干扰强度；

　　　L_i——i 类斑块类型内廊道（公路、铁路、堤坝、沟渠）的总长度；

　　　A_i——i 类斑块类型的总面积；

　　　N_i——i 类斑块类型的自然度。

（5）景观优势度　景观优势度（landscape dominance index）是测试嵌块体在景观中重要性的指标，它反映一种或几种景观嵌块体支配景观格局的程度。

$$D_{di} = H_{max} + \sum_{k=1}^{N} P_k \ln P_k$$

式中　D_{di}——景观的优势度；

　　　P_k——斑块类型 k 在景观中出现的概率；

　　　H_{max}——多样性指数的最大值；

　　　N——景观斑块类型数目。

（6）景观均匀度指数　景观实际多样性指数与最大多样性指数之比称均匀性指数（evenness index），反映了最大均匀性条件下的多样性指数。

$$E = \frac{H}{H_{max}} = \frac{-\sum_{k=1}^{N} P_k \ln P_k}{H_{max}}$$

式中　E——均匀度；

　　　H——多样性指数；

　　　P_k——斑块类型 k 在景观中出现的概率；

　　　H_{max}——多样性指数的最大值；

　　　N——景观斑块类型数目。

（7）景观分维数（fractal dimension）　景观分维数越大，表明斑块形状越复杂。

$$D = \frac{2\ln\left(\dfrac{P}{4}\right)}{\ln A}$$

式中　D——景观分维数;

　　　P——斑块周长;

　　　A——斑块面积。

（8）景观聚集度指数(landscape aggregation index)与相对景观聚集度指数

$$C' = 1 + \frac{\displaystyle\sum_{i=1}^{N}\sum_{j=1}^{N} P_{ij}\ln P_{ij}}{2\ln N}$$

式中　C'——相对景观聚集度指数;

　　　P_{ij}——斑块类型 i 与斑块类型 j 相邻的概率;

　　　N——景观斑块类型数目。

相对聚集度指数是景观聚集度指数的改进,适用于不同景观的比较。C' 值大,代表景观由少数团聚的大斑块组成;C' 值小,代表景观由许多小斑块组成。

五、 实施建议

1. 建议

（1）根据建设部《城市绿地分类标准》(CJJ/T 85—2017),按绿地主要功能将研究区域绿地系统分为公园绿地 G1、防护绿地 G2、广场绿地 G3、附属绿地 XG 以及区域绿地 EG5 种类型。

（2）基础数据的处理建议使用 GIS 软件（如 ArcView 和 ArcGIS）提取各景观要素并建立各景观类型的空间数据库,部分景观类型应在野外样点利用 GPS 进行验证。

2. 注意事项

（1）室外样地调查要以小组为单位开展工作,注意人身安全。

（2）按照当地有关部门要求,在选定区域使用无人机要提前报备。

六、 实验结果

（1）样地景观生态类型统计,将斑块类型的数量、面积等基本参数填入表 5-20。

表 5-20　样地景观生态类型

斑块类型	斑块类型描述	数量	面积	...
1				
2				
3				
...				

（2）景观指数计算结果填入表 5-21，比较不同斑块类型景观指数差异。

表 5-21　各斑块类型的景观指数计算结果

斑块类型	破碎度(C_i)	多样性(H)	景观分离度(S)	干扰强度(W_i)	分维数(D)	相对聚集度(C')	...
1							
2							
3							
...							

七、 综合拓展

（1）建议 5～6 名学生成立拓展实验小组；实验小组应开展综合性、设计性实验的选题及方案讨论活动，确定的选题可作为实验副标题。

（2）景观格局分析一般在野外或城市区域，布设采样点或样地，获取图片资料。为降低工作量，也可考虑在校园内选择样地。在校园内选择乔木林、灌木丛、草坪、道路、运动场等典型生境布设采样点，测定不同植被类型的景观指数。野外样地景观格局分析以德庆山区某研究地块为例，植被样地调查范围分布如图 5-12 所示。样地包含林地、裸地、建筑物等

图 5-12　样地调查范围分布

（如图 5-13 所示）。利用 GIS 空间分析功能，将斑块类型主要分为农田（含草地）、裸地（含房屋）和有林地（含灌木林）3 类，生成样地调查范围的景观斑块分类见图 5-14。统计各斑块类型的斑块数量、面积等信息，用于计算破碎度、景观多样性等景观指数。

图 5-13　无人机拍摄的调查范围植被

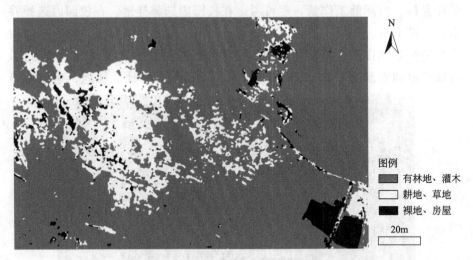

图例
■ 有林地、灌木
□ 耕地、草地
■ 裸地、房屋
20m

图 5-14　调查范围的斑块分类图

（3）城市绿地景观生态综合评价常用的方法有加权平均数法、主成分分析法、模糊集对分析法、模糊评价法等。建议使用 SPSS 等软件完成综合评价，具体操作方法见相关软件说明。

（4）实验方案的设计和实验报告的撰写均要注意查阅文献数据库，引用必要的文献。

八、 思考题

1. 景观格局生态分析的主要景观指数有哪些？
2. 景观生态格局分析与自然保护区和土地规划设计有何关系？

实验二十六　城市生态公园的规划设计

一、 实验目的

掌握城市生态公园规划设计的一般目标、原则和基本步骤，编写生态公园规划任务书。

二、 实验原理

生态公园（ecopark，ecological park）是指应用生态学原理和生态技术，遵循地域性自然植被的结构和功能规律，对城市市区的荒地或废弃地以及城郊地区进行规划设计，形成具有保护生物多样性、满足人们游览休憩、开展科学文化活动及锻炼等功能的公园。生态公园是具有地域性、多样性和自我演替能力的城市生态系统，分为保护型、修复型、改善型、综合型四个类型。做好生态公园规划，应当遵循的原则有生态环境优先原则、空间异质性和多样性原则、生态可协调性原则、地域特色原则、综合性原则、可持续性原则等。城市生态公园的景观格局一般包括核心生态区域、缓冲生态区域和使用功能区域三类。城市生态公园的规划设计要考虑经济社会资源投入的减量化，注重资源再利用和生态系统健康，避免破坏自然生态系统。城市生态公园应尽可能恢复和培育乡土植物，形成接近自然的生物群落，物种能在当地气候条件下生存和生长，通过进展演替形成稳定多样的群落结构。城市生态公园属于生态环境较为脆弱和敏感的区域，需要消耗大量的建设、管理和养护成本，因此在保护生态和谐稳定的前提下，合理规划城市生态公园对改善人居环境质量、维持生态平衡等具有重要意义。

三、 仪器与材料

1. 仪器
计算机。

2. 材料
规划区域的自然与资源资料，生态系统调查资料，地形图，航空相片、卫星相片及相关专业测图，调查表等。

四、 实验步骤

1. 确定规划范围与规划目的
明确城市生态公园规划范围和规划目的，分析生态公园与城市生态系统的相互影响，研究设计目标、基地选址、项目规模、功能与空间模式等方面的内容，确定项目规模及生态功能。

2. 规划设计依据与原则
列出生态公园规划设计依据，如《中华人民共和国城乡规划法》(2019修正)(中华人民共和国主席令第 29 号)、《全国生态环境保护纲要》(国发〔2000〕38 号)《国家级自然保护区总体规划审批管理办法》《国家级森林公园总体规划规范》(LY/T 2005—2012)、《公园设计规范》(GB 51192—2016)、《生态环境状况评价技术规范》(HJ 192—2015)、生态公园规划范围的现状资料以及国家现行的其他相关设计法规、规范、标准等。尤其要列出项目所在省(区)、市的相关法规、规范、标准，公园规划要与地方相衔接，如与自然保护区、生态控制区、水源保护区等规划相衔接。

设计原则应与生态公园规划设计项目相关联，例如生态为本原则、以人为本原则、因地制宜原则、功能性原则等。

3. 生态公园规划资料的搜集
应搜集的资料包括自然地理、社会经济概况、现有基础设施等。

4. 总体布局
生态公园规划设计应以景观生态学理论和方法为指导，运用生态设计的手法，将规划范围划分为若干功能分区，绘制生态公园景观规划功能分区图，并在图上标出功能分区范围和每个景点的位置，体现生态公园规划的空间结构布局。

5. 各功能分区及主要景点设计
各功能分区及主要景点设计要有设计图，道路设计、植物配置等要体现功能、美观、生态三大要素。

6. 生态公园规划设计书
编写规划设计书主要包括基本情况、资源情况、建设条件分析、总体布局、功能分区及主要景点规划设计（或其他专项规划）等内容。

五、 实施建议

1. 建议

（1）以小组为单位，以校园生态规划为例开展实验。

（2）生态公园规划设计书的参考编写目录，第一部分为生态公园总体规划，第二部分为专项规划。可根据实际情况对参考目录的编写内容进行修改、增减等。

（3）生态公园规划设计书编写内容不宜过多，建议完成参考编制目录的第一部分即可。

（4）编写生态公园规划设计书的参考目录

第一部分　总体规划

1　基础资料调查

　1.1 自然地理概况

　1.2 社会经济条件

2　风景资源调查

　2.1 生物资源

　2.2 生物多样性

　2.3 景观与人文资源

　2.4 资源评价

3　生态公园建设条件分析

　3.1 现状分析

　3.2 前景分析

　3.3 可借景物调查

4　总体布局

　4.1 公园范围

　4.2 公园的性质和定位

　4.3 指导思想与原则

　4.4 规划依据

　4.5 规划期限及目标

　4.6 功能分区规划设计

第二部分　专项规划

5　保护规划

6 景观规划

7 生物资源保护规划

8 环境保护规划

9 防御灾害规划

10 生态文化建设规划

11 生态旅游与服务设施规划

12 保障规划

13 投资估算与效益评析

附表

附图

附件

2. 注意事项

（1）室外样地调查要以小组为单位开展工作，注意人身安全。

（2）不得抄袭他人的效果图或者设计图，不得用照片直接作为景观意向图。

六、 实验结果

编写生态公园规划设计书，要包括生态公园景观规划功能分区图、总体规划图、各功能分区的规划设计图等附件。

七、 综合拓展

（1）建议 5～6 名学生成立拓展实验小组；实验小组应开展综合性、设计性实验的选题及方案讨论活动，确定的选题可作为实验副标题。

（2）实验选题不局限于校园生态规划设计，也可以在老师的指导下选取其他规划范围进行生态公园规划。例如以城市公园改造规划设计为例，运用景观生态学理论和生态设计的手法，将规划范围划分为若干功能分区，绘制景观规划功能分区图和道路规划图，并在图上标出功能分区和道路规划布局（如图 5-15 所示）。

功能分区规划设计体现生态公园规划的空间结构布局。如图 5-16 所示，生态公园规划坚持生态优先原则，打造开放性水域空间，突出了公园的滨水特色。

（3）生态公园规划应注意市场潜力分析和对城市生态公园的资源特色的挖掘。

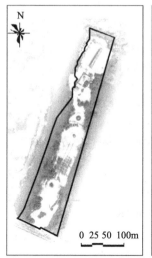

(a) 规划范围

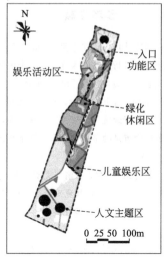

娱乐活动区
入口功能区
绿化休闲区
儿童娱乐区
人文主题区

(b) 功能分区

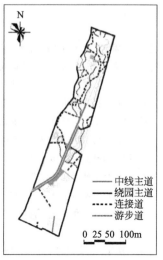

中线主道
绕园主道
连接道
游步道

(c) 道路规划

图 5-15 生态公园规划的空间结构布局

图 5-16 生态公园规划的鸟瞰图

（4）生态公园规划设计书可作为实验报告，撰写过程中注意查阅文献数据库，引用必要的文献。

八、 思考题

1. 结合城市生态公园规划设计内容，分析生态公园规划设计的优点与不足，并给出合理性建议。

2. 编写城市生态公园规划设计书需要注意哪些问题？

参考文献

[1] 陈耀华. 关于行道树遮荫效果的研究 [J]. 园艺学报，1988 (2)：135-138.

[2] 陈耀华. 关于园林树木遮荫效果定量分析方法的探讨 [J]. 中国园林，1988 (2)：61-63.

[3] 刘旭，张翠丽，迟春明. 园林生态学实验与实践 [M]. 成都：西南交通大学出版社，2015.

[4] 吴翼. 树木遮荫与街道绿化 [J]. 园艺学报，1963，2 (3)：295-308.

[5] 徐明尧. 也谈绿地率——兼论居住区绿地规划控制 [J]. 规划师，2000，16 (5)：99-101.

[6] 崔喆，何明怡，陆明. 基于街景图像解译的寒地城市绿视率分析研究——以哈尔滨为例 [J]. 中
国城市林业，2018，16 (5)：34-38.

[7] 文国玮. 城市交通与道路系统规划 [M]. 北京：清华大学出版社，2001.

[8] 杨赉丽. 城市园林绿地规划 [M]. 北京：中国林业出版社，1995.

[9] 中华人民共和国行业标准. CJJ 75—97 城市道路绿化规划与设计规范 [S]. 北京：中国建筑工业
出版社，1997.

[10] 方咸孚，李海涛. 居民区的绿化模式 [M]. 天津：天津大学出版社，2001.

[11] 吴立蕾，王云. 城市道路绿视率及其影响因素 [J]. 上海交通大学学报，2009，27 (3)：
267-271.

[12] 青木阳二. 視野の広がりと緑量感の関連 [J]. 造園雑誌，1987，51 (1)：1-10.

[13] 冷平生. 园林生态学 [M]. 第 2 版. 北京：中国农业出版社，2011.

[14] 付必谦，张峰，高瑞如，等. 生态学实验原理与方法 [M]. 北京：科学出版社，2006.

[15] 毛蒋兴，闫小培. 城市交通干道对土地利用的廊道效应研究——以广州大道为例 [J]. 地理与
地理信息科学，2004，20 (5)：58-61.

[16] 肖笃宁，李秀珍，高峻，等. 景观生态学 [M]. 北京：科学出版社，2003：38-52.

[17] 宗跃光. 大都市空间扩展的廊道效应与景观结构优化——以北京市区为例 [J]. 地理研究，
1998，17 (2)：119-124.

[18] 宗跃光. 城市景观生态规划中的廊道效应研究——以北京市区为例 [J]. 生态学报，1999，19
(2)：145-150.

[19] Taaffe E J, Krakover S, Gauthier H L. Interactions between Spread-and-Backwash, Population
Turnaround and Corridor Effects in the Inter-Metropolitan Periphery：A Case Study [J].
Urban geography,1992，13 (6)：503-533.

[20] 王云才. 景观生态规划原理 [M]. 第 2 版. 北京：中国建筑工业出版社，2014.

[21] 马世骏，王如松. 社会-经济-自然复合生态系统 [J]. 生态学报，1984 (1)：1-9.

[22] 傅伯杰，陈利顶，马克明，等. 景观生态学原理及应用 [M]. 第 2 版. 北京：科学出版
社，2011.

[23] 左伟，王桥，王文杰，等. 区域生态安全评价指标与标准研究 [J]. 地理学与国土研究. 2002，
18 (1)：67-71.

[24] 杨轶，赵楠琦，李贵才. 城市土地生态适宜性评价研究综述 [J]. 现代城市研究，2015 (4)：
91-96.

[25] 樊红. ARC/INFO 应用与开发技术 [M]. 武汉：武汉测绘大学出版社，1999.

[26] 卢宏玮，曾光明，谢更新，等. 洞庭湖流域区域生态风险评价 [J]. 生态学报，2003，23
(12)：2520-2530.

[27] 陈利容，刘奇勇．GIS 在区域生态评价中的作用 ［J］．河北农业科学，2008，12（9）：117-120，125.

[28] 李杰铭．城市规划设计中生态城市规划研究 ［J］．规划与设计，2018（8）：88-89.

[29] 邬建国．景观生态学——格局、过程、尺度与等级 ［M］．北京：高等教育出版社，2000.

[30] 肖荣波，周志翔，王鹏程，等．武钢工业区绿地景观格局分析及综合评价 ［J］．生态学报，2004，24（9）：1924-1929.

[31] 肖笃宁．景观生态学理论、方法及应用 ［M］．北京：中国林业出版社，1991.

[32] 许慧，王家骥．景观生态学的理论与应用 ［M］．北京：中国环境科学出版社，1993.

[33] 杨持．生态学实验与实习 ［M］．北京：高等教育出版社，2003.

[34] 中华人民共和国住房和城乡建设．CJJ/T 85—2017 城市绿地分类标准．北京：中国建筑工业出版社，2017.

[35] 王玉梅，秦树辉，尚金城．呼和浩特城市景观生态格局分析 ［J］．干旱区资源与环境，2004，18（2）：92-95.

[36] 邓毅．城市生态公园规划设计方法 ［M］．北京：中国建筑工业出版社，2007.

[37] 邓毅．城市生态公园的发展及其概念之探讨 ［J］．中国园林，2003（12）：51-53.

[38] 张庆费，张峻毅．城市生态公园初探 ［J］．生态学杂志，2002，21（3）：61-64.

[39] 俞孔坚，李迪华，吉庆萍．景观与城市的生态设计：概念与原理 ［J］．中国园林，2001（6）：3-10.

[40] 邓毅．景观生态学视野下的城市生态公园设计 ［J］．新建筑，2004（5）：10-14.

[41] 张伟强，陈文君．旅游规划原理 ［M］．广州：华南理工大学出版社，2005.

[42] 杨京平，田光明．生态设计与技术 ［M］．北京：化学工业出版社，2006.

[43] 国家林业和草原局政府网．国家林业局关于印发《国家级自然保护区总体规划审批管理办法》的通知 ［EB/OL］．http：//www. forestry. gov. cn/sites/main/main/govpublic/index. jsp ＃ detail，2015-05-04/2020-04-10.

[44] 建标库(国家规范-城市规划)．国家级森林公园总体规划规范(LY/T2005-2012)［EB/OL］．http：//www. jianbiaoku. com/webarbs/book/130992/3827499. shtml，2012-02-23/2020-04-10.

[45] 国家林业和草原局政府网．国家林业局 2012 年第 5 号公告［EB/OL］．http：//www. forestry. gov. cn/portal/main/govfile/13/govfile _ 1907. htm，2012-02-23/2020-05-10.

附　录

附录一　实验报告的撰写

一、 实验报告的撰写内容

验证性或基础性实验是学生完成实验项目的主要类型，实验报告主要包括实验目的、实验原理、实验材料、实验步骤和实验结果等内容，综合性、设计性以及开放性实验的实验内容要在验证性或基础性实验内容的基础上有所增加。由于不同学校对实验报告的内容、要求不尽相同，学生撰写的实验报告往往多种多样，尤其是实验结果的表现方式千差万别。教学管理部门往往对实验报告的格式有明确要求，对实验报告的内容（如实验的深度和广度）很难作出规定性要求，课程的需要和实验教师的把握对实验报告中实验内容的撰写和评价具有决定性作用。基于多个高校的园林、风景园林专业及其他相关专业的相关经验，将实验报告包含的主要内容总结如下。

第一部分：实验基本信息

××××学院实验报告

实验课程名称：

实验日期：

实验项目名称：

学生姓名：

学号：

专业班级：

实验分组人数（第　　组）：

同组学生姓名：

指导教师：

……

第二部分：实验内容

1. 实验目的

2. 实验原理

3. 实验材料

4. 实验步骤

5. 实验结果与分析

6. 讨论（或结论）

……

由于园林生态学实验的各个实验项目的目的和实验要求不尽相同，实验内容包括文字、图表等多样化的信息，一般不宜使用表格形式的实验报告模板，多采用开放性的表达方式。在具体实施过程中，实验内容也可根据要求做一些简化、合并。例如，实验原理、实验材料、实验步骤源自实验指导书的，可以简略表述，甚至可将这三个部分合并为实验原理与方法，实验结果分析和讨论部分才是实验报告的表述重点。

二、 实验结果分析部分的图表

在实验教师的指导下，学生根据实验步骤，调查、测量和分析结果也是分阶段、有先后的。根据多年的教学实践，学生在完成实验报告的结果与分析部分时需要大量的图表。一般来说，实验指导书按实验步骤编制的示例图表应具有指引性、参考性。在实验结果分析部分较为集中列出实验用示例图表符合学生撰写实验报告的习惯，有利于指引学生有条理地、清晰地表达实验结果，有利于分析各图表之间的关系。在完成实验报告时，示例图表可根据实验指标、测定内容的增减做一些调整，甚至可根据实验目的与要求大幅度更改图表内容，以便于更契合地表达实验结果。

三、 讨论（或结论）的开放性

园林生态学实验的结果具有多样性。例如，不同实验小组做相同的样地调查，得到的数据结果不尽相同，但是数据的规律性是相同或相似的。这样在评价实验报告的讨论部分时应注意实验结果讨论的开放性，注重学生对实验结果的科学分析和专业性解释。验证性或基础性实验的讨论可多可少，一些测试性的实验给出结论即可，甚至在实验报告的内容上不设置讨论环节。对于综合性、设计性以及开放性实验来说，讨论（或结论）十分重要，要基于实验结果、参考资料文献做出表述。

附录二　综合性、设计性实验的实施建议

为方便广大师生实验教学需要，前述各实验项目一般都满足验证性实验要求，可在计划教学时数内完成实验。增设实验的"综合拓展"部分，意在将该实验在老师的指导下转为综合性实验、设计性实验，针对不同实验项目在"实验实施"部分做个性化的综合拓展建议。

一、综合性、设计性实验的界定

1. 综合性实验

综合性实验是指经过一个阶段的生态学课程学习后，掌握了一定的生态学知识和技能，在验证性实验基础上运用多门课程知识（如植物学、土壤学、规划学等）进行综合训练的复合型实验。综合性实验的两点基本要求：a. 综合性实验必须包括 2 门课程（或 2 个专业）以上的内容，实验内容除生态学知识外，还要明确涉及哪些课程的知识；b. 实验内容不仅涉及本课程知识，而且应与相关课程的知识相结合，即包含不同课程中 2 个或 2 个以上的知识点。

2. 设计性实验

设计性实验是指给定实验目的、实验要求和实验条件的一种探索性实验，是在教师的指导下由学生自行设计实验方案并实施的实验。鼓励学生结合所学生态学专业知识、实验方法和技能自行设计实验，以激发学生的创新思想，培养学生分析、解决问题的能力，以及团队合作和组织协调能力。

3. 综合性、设计性实验项目的实施思路

综合性实验是以生态学课程知识为主、其他课程知识作为补充的多学科或多领域的综合实践。综合性实验方案的制订要体现学科（或领域）交叉、知识综合的特点，鼓励学生将学到的不同课程知识运用于实验的设计、实施、分析等环节，引导学生从专业课程体系角度进行综合集成分

析，培养学生综合运用知识的能力。

　　设计性实验侧重基于学生课程学习的理论基础和实践能力，从某个知识层次或角度来看属于生态学学科或相关领域的深化探索研究。设计性实验方案具有自主性、探索性、创新性等特点，实验的选题、实验设计、器材准备、实验实施以及结果分析等环节均需要通过查阅文献、小组讨论、综合归纳等途径来完成。实验报告撰写的思路和要求类似于研究论文，是在教师的引导下自主完成的一个由浅入深的专业实践训练过程。综合性实验与设计性实验两者之间似乎没有明确的界限，两者在实验的选题、方案制订、实施过程、结果分析等环节均有不同程度的综合性、探索性特点。

二、 综合性、设计性实验的选题

　　根据教学大纲要求，在具体实践教学过程中，教师应针对每一个实验项目给出综合性、设计性实验的引导，学生在教师的指导下通过小组讨论确定具体的实验选题和实验方案，开展综合性、探索性实验活动。提交实验报告需要附"综合性、设计性实验的选题情况表"（见附表 1-1）。实验小组讨论通过的综合性、设计性实验选题（或研究性实验）作为副标题。

附表 1-1　综合性、设计性实验的选题情况表（供参考）

课程名称		适用专业		选题日期	
第　实验小组 共　　人	小组成员			指导老师	
实验项目名称					
实验副标题					
实验性质	综合性□　　设计性□		实验条件	具　备□ 不具备□	实验学时数
选题依据					
目的与要求					
实验内容概要					
研究方法简介					

拓展知识情况	1. 综合知识点涉及的专业、课程		数量	
	2. 设计性要求		可行性	是□ 否□

注：表中的综合性与设计性为二选一，不要同时勾选。

三、 实施要求

1. 实验项目要符合实验大纲的学时要求

根据实验大纲安排园林生态学实验的验证性（基础性）、综合性和设计性实验项目的学时数，验证性实验一般可确保在实验大纲规定的计划实验学时数内完成，综合性、设计性实验一般需要较长的实施时间。超出计划实验学时数的部分可能占用学生课余时间，教师要指导学生合理安排实施时间。

2. 学生按实验类型完成不同要求的实验报告

验证性实验报告要求有实验项目名称、实验目的、实验原理、仪器与材料、实验步骤、实验结果等内容。

综合性实验报告要求包括实验项目名称（副标题）、实验目的、实验原理、仪器与材料、实验步骤、实验结果、实验小组讨论学习安排、综合分析与讨论、参考文献等部分。

设计性实验报告要求包括实验项目名称（副标题）、实验目的、实验摘要、实验原理或实验方法、仪器与材料、实验步骤、实验结果、实验小组讨论学习安排、分析与讨论、参考文献等内容。

3. 教师要加强实验方案的可行性指导

学生制订综合性、设计性实验方案时，要注意控制实验内容和实施难度，确保实验实施的可行性。实验拓展重在训练，不要搞成科学研究。为确保综合性、设计性实验的顺利实施，教师要介绍实验要求，说明实验需要的场所、仪器、设备、药剂等实验条件，指导学生分组并拟定实验方案，解答学生在实验过程中遇到的问题。在符合实验大纲要求、实验计划学时充裕的条件下，可将少数设计性实验转为研究性实验，一般通过查阅文献、选题论证、拟定方案、实验实施、结果分析等步骤完成实验报告。

附录三　园林生态学实验常用仪器

　　园林生态学实验涉及的仪器设备种类繁多，便携式测量仪器占了很大比例。由于不同厂家生产的仪器设备名称、型号、用途、功能、检测指标、测量精度等各不相同，各个高校购置的实验仪器差别很大，因此本书列出一些园林生态学实验常用仪器供参考。根据园林生态学实验需要和仪器设备用途，将常用仪器按室外使用、室内使用分为两类，分别列入附表1-2和附表1-3。实验仪器的性能指标参数以及使用方法等信息请查阅相关仪器的使用说明。

附表 1-2　室外测量常用仪器

序号	仪器名称	参考型号	主要用途
1	地质罗盘仪	YHL90/360S	气压、海拔、温度、方位角测量
2	小气候测量系统	IMetADV2	测量太阳辐射、相对湿度、降水量、风速、风向、空气、温度等
3	大气采样器	ZK-3S	大气采样
4	测亩仪	VC-3701	GPS 定位，面积测量
5	激光测距仪	SW-100G	样地调查、野外测量
6	森林罗盘仪	DQL-1	样地调查、野外测量
7	激光测距望远镜	SW-1500A	样地调查、野外测量
8	测高仪	SW-1500A	样地调查、野外测量
9	电子经纬仪	ET-02	样地调查、野外测量
10	光学经纬仪	T6E	样地调查、野外测量
11	RTK 测量系统	银河 6	样地调查、野外测量
12	全站仪	DTM-102N	样地调查、野外测量
13	O_2、CO_2 测定仪	SCY-2A	O_2、CO_2 气体测定
14	空气质量检测仪	DT-9881	空气粒子、CO 气体、温湿度测量
15	CO_2 气体分析仪	L1-7500	测量 CO_2 气体浓度
16	负离子测量仪	AIC-1000	空气负离子测量
17	音量噪声测试仪	DT-8851	音量、噪声测量
18	土壤酸碱度计	TA8671	土壤 pH 值测定
19	土壤地温计	LC3694	土壤温度测定
20	探针式温度计	F-19	土壤温度测定
21	照度计	DT-8808	光强测定
22	溶解氧分析仪	JPB-607A	溶解氧测定
23	氧弹量热仪	6300	能量测定
24	便携式光合仪	L1-6400	测定光合速率，提取环境测定参数
25	叶绿素荧光仪	MINI-PAM	测量叶绿素含量
26	叶面积仪	L1-3000C	测量叶面积，计算叶面积指数
27	测量型无人机	PHANTOM 4RTK	样地调查

附表 1-3　室内测定常用仪器

序号	仪器名称	参考型号	主要用途
1	智能光照培养箱	LRH-800-GII	控制实验
2	人工气候箱	BIC-300	控制实验
3	电热恒温鼓风干燥箱	DHG-9146A	材料干燥
4	恒温恒湿培养箱	LHS-250HC	植物恒温培养
5	电热鼓风干燥箱	GZX-9070MBE	材料干燥
6	电子天平	JA3003	药品、材料等称重
7	电子天平	YP10002	药品、材料等称重
8	数显测速振荡器	HY-4A	试剂配制
9	数显恒温水浴锅	HH-8	低温加热
10	台式高温电炉	DL-1	高温加热
11	消化炉	HYP-1020	土壤样品处理
12	自动定氮仪	KDN-102F	成分测定
13	台式 pH 计	PHS-25	pH 值测定
14	高速台式离心机	5804R	成分分离
15	低速台式离心机	TDL-60B	成分分离
16	紫外分光光度计	UV-2550	成分含量测定
17	可见分光光度计	722	成分含量测定
18	植物粉碎机	FZ102	植物材料粉碎
19	微型土壤粉碎机	FT102	土壤材料粉碎
20	通风橱	YLNY-YIDA-9	高温氧化测定通风
21	管理图形工作站	HP2620/GDI DVS3DV2.0	图形图像处理
22	扫描仪	DS-50000	图形图像处理

附录四　常用 t 检验和 X^2 检验临界值

附表 1-4　t 检验分位数

df	α（单侧）								
	0.25	0.2	0.15	0.1	0.05	0.025	0.01	0.005	0.0005
1	1.000	1.376	1.963	3.078	6.314	12.706	31.821	63.657	636.619
2	0.816	1.061	1.386	1.886	2.920	4.303	6.965	9.925	31.599
3	0.765	0.978	1.250	1.638	2.353	3.182	4.541	5.841	12.924
4	0.741	0.941	1.190	1.533	2.132	2.776	3.747	4.604	8.610
5	0.727	0.920	1.156	1.476	2.015	2.571	3.365	4.032	6.869
6	0.718	0.906	1.134	1.440	1.943	2.447	3.143	3.707	5.959
7	0.711	0.896	1.119	1.415	1.895	2.365	2.998	3.499	5.408
8	0.706	0.889	1.108	1.397	1.860	2.306	2.896	3.355	5.041
9	0.703	0.883	1.100	1.383	1.833	2.262	2.821	3.250	4.781
10	0.700	0.879	1.093	1.372	1.812	2.228	2.764	3.169	4.587

df	α（单侧）								
	0.25	0.2	0.15	0.1	0.05	0.025	0.01	0.005	0.0005
11	0.697	0.876	1.088	1.363	1.796	2.201	2.718	3.106	4.437
12	0.695	0.873	1.083	1.356	1.782	2.179	2.681	3.055	4.318
13	0.694	0.870	1.079	1.350	1.771	2.160	2.650	3.012	4.221
14	0.692	0.868	1.076	1.345	1.761	2.145	2.624	2.977	4.140
15	0.691	0.866	1.074	1.341	1.753	2.131	2.602	2.947	4.073
16	0.690	0.865	1.071	1.337	1.746	2.120	2.583	2.921	4.015
17	0.689	0.863	1.069	1.333	1.740	2.110	2.567	2.898	3.965
18	0.688	0.862	1.067	1.330	1.734	2.101	2.552	2.878	3.922
19	0.688	0.861	1.066	1.328	1.729	2.093	2.539	2.861	3.883
20	0.687	0.860	1.064	1.325	1.725	2.086	2.528	2.845	3.850
21	0.686	0.859	1.063	1.323	1.721	2.080	2.518	2.831	3.819
22	0.686	0.858	1.061	1.321	1.717	2.074	2.508	2.819	3.792
23	0.685	0.858	1.060	1.319	1.714	2.069	2.500	2.807	3.768
24	0.685	0.857	1.059	1.318	1.711	2.064	2.492	2.797	3.745
25	0.684	0.856	1.058	1.316	1.708	2.060	2.485	2.787	3.725
26	0.684	0.856	1.058	1.315	1.706	2.056	2.479	2.779	3.707
27	0.684	0.855	1.057	1.314	1.703	2.052	2.473	2.771	3.690
28	0.683	0.855	1.056	1.313	1.701	2.048	2.467	2.763	3.674
29	0.683	0.854	1.055	1.311	1.699	2.045	2.462	2.756	3.659
30	0.683	0.854	1.055	1.310	1.697	2.042	2.457	2.750	3.646
35	0.682	0.852	1.052	1.306	1.690	2.030	2.438	2.724	3.591
40	0.681	0.851	1.050	1.303	1.684	2.021	2.423	2.704	3.551
50	0.679	0.849	1.048	1.299	1.676	2.009	2.403	2.678	3.496
60	0.679	0.848	1.046	1.296	1.671	2.000	2.390	2.660	3.460
120	0.677	0.845	1.041	1.289	1.658	1.980	2.358	2.617	3.373
∞	0.674	0.842	1.036	1.282	1.645	1.960	2.326	2.576	3.291
df	0.5	0.4	0.3	0.2	0.1	0.05	0.02	0.01	0.001
	α（双侧）								

附表 1-5　X^2 分布临界值（卡方分布）

df	$P(X_{df}^2 > X_\alpha^2) = \alpha$											
	0.995	0.99	0.975	0.95	0.90	0.75	0.25	0.1	0.05	0.025	0.01	0.005
1	—	—	—	—	0.02	0.10	1.32	2.71	3.84	5.02	6.63	7.88
2	0.01	0.02	0.02	0.10	0.21	0.58	2.77	4.61	5.99	7.38	9.21	10.60
3	0.07	0.11	0.22	0.35	0.58	1.21	4.11	6.25	7.81	9.35	11.34	12.84
4	0.21	0.30	0.48	0.71	1.06	1.92	5.39	7.78	9.49	11.14	13.28	14.86
5	0.41	0.55	0.83	1.15	1.61	2.67	6.63	9.24	11.07	12.83	15.09	16.75
6	0.68	0.87	1.24	1.64	2.20	3.45	7.84	10.64	12.59	14.45	16.81	18.55
7	0.99	1.24	1.69	2.17	2.83	4.25	9.04	12.02	14.07	16.01	18.48	20.28
8	1.34	1.65	2.18	2.73	3.40	5.07	10.22	13.36	15.51	17.53	20.09	21.96
9	1.73	2.09	2.70	3.33	4.17	5.90	11.39	14.68	16.92	19.02	21.67	23.59
10	2.16	2.56	3.25	3.94	4.87	6.74	12.55	15.99	18.31	20.48	23.21	25.19

df	$P(X_{df}^2 > X_\alpha^2) = \alpha$											
	0.995	0.99	0.975	0.95	0.90	0.75	0.25	0.1	0.05	0.025	0.01	0.005
11	2.60	3.05	3.82	4.57	5.58	7.58	13.70	17.28	19.68	21.92	24.72	26.76
12	3.07	3.57	4.40	5.23	6.30	8.44	14.85	18.55	21.03	23.34	26.22	28.30
13	3.57	4.11	5.01	5.89	7.04	9.30	15.98	19.81	22.36	24.74	27.69	29.82
14	4.07	4.66	5.63	6.57	7.79	10.17	17.12	21.06	23.68	26.12	29.14	31.32
15	4.60	5.23	6.27	7.26	8.55	11.04	18.25	22.31	25.00	27.49	30.58	32.80
16	5.14	5.81	6.91	7.96	9.31	11.91	19.37	23.54	26.30	28.85	32.00	34.27
17	5.70	6.41	7.56	8.67	10.09	12.79	20.49	24.77	27.59	30.19	33.41	35.72
18	6.26	7.01	8.23	9.39	10.86	13.68	21.60	25.99	28.87	31.53	34.81	37.16
19	6.84	7.63	8.91	10.12	11.65	14.56	22.72	27.20	30.14	32.85	36.19	38.58
20	7.43	8.26	9.59	10.85	12.44	15.45	23.83	28.41	31.41	34.17	37.57	40.00
21	8.03	8.90	10.28	11.59	13.24	16.34	24.93	29.62	32.67	35.48	38.93	41.40
22	8.64	9.54	10.98	12.34	14.04	17.24	26.04	30.81	33.92	36.78	40.29	42.80
23	9.26	10.2	11.69	13.09	14.85	18.14	27.14	32.01	35.17	38.08	41.64	44.18
24	9.89	10.86	12.40	13.85	15.66	19.04	28.24	33.20	36.42	39.36	42.98	45.56
25	10.52	11.52	13.12	14.61	16.47	19.94	29.34	34.38	37.65	40.65	44.31	46.93
26	11.16	12.20	13.84	15.38	17.29	20.84	30.43	35.56	38.89	41.92	45.64	48.29
27	11.81	12.88	14.57	16.15	18.11	21.75	31.53	36.74	40.11	43.19	46.96	49.64
28	12.46	13.56	15.31	16.93	18.94	22.66	32.62	37.92	41.34	44.46	48.28	50.99
29	13.12	14.26	16.05	17.71	19.77	23.57	33.71	39.09	42.56	45.72	49.59	52.34
30	13.79	14.95	16.79	18.49	20.60	24.48	34.80	40.26	43.77	46.98	50.89	53.67
40	20.71	22.16	24.43	26.51	29.05	33.66	45.62	51.80	55.76	59.34	63.69	66.77
50	27.99	29.71	32.36	34.76	37.69	42.94	56.33	63.17	67.50	71.42	76.15	79.49
60	35.53	37.48	40.48	43.19	46.46	52.29	66.98	74.40	79.08	83.30	88.38	91.95
70	43.28	45.44	48.76	51.74	55.33	61.70	77.58	85.53	90.53	95.02	100.42	104.22
80	51.17	53.54	57.15	60.39	64.28	71.14	88.13	96.58	101.88	106.63	112.33	116.32
90	59.20	61.75	65.65	69.13	73.29	80.62	98.64	107.56	113.14	118.14	124.12	128.30
100	67.33	70.06	74.22	77.93	82.36	90.13	109.14	118.5	124.34	129.56	135.81	140.17

参考文献

[1] 杜荣骞. 生物统计学 [M]. 北京：高等教育出版社，1999.

[2] 南京农业大学. 田间试验和统计方法 [M]. 第2版. 北京：中国农业出版社，1985.